单片机实验与创新实践教程

贡雪梅 杨小丽 王 昆
张倩昀 许 刚 编

西北工業大學出版社
西 安

【内容简介】 本书共分6章，包括51单片机基础、单片机应用系统的开发工具、汇编程序设计实验、C51程序设计实验、课程设计与创新实验、应用举例。书末附录中还给出了Protues菜单命令、80C51单片机指令汇总表及接口电路中常用芯片的引脚图。

本书可作为高等院校电子、通信、测控、电气、自动化、计算机等专业单片机课程的实验教学用书，也可作为学生课程设计、创新实验、毕业设计及其他单片机实践环节的参考资料。

图书在版编目(CIP)数据

单片机实验与创新实践教程/ 贡雪梅等编. —西安：西北工业大学出版社，2023.3

ISBN 978-7-5612-8655-5

Ⅰ. ①单… Ⅱ. ①贡… Ⅲ. ①单片微型计算机-教材 Ⅳ. ①TP368.1

中国国家版本馆CIP数据核字(2023)第038562号

DANPIANJI SHIYAN YU CHUANGXIN SHIJIAN JIAOCHENG

单 片 机 实 验 与 创 新 实 践 教 程

贡雪梅 杨小丽 王 昆 张倩昀 许 刚 编

责任编辑：张 友		**策划编辑**：胡西洁	
责任校对：朱晓娟		**装帧设计**：李 飞	
出版发行：西北工业大学出版社			
通信地址：西安市友谊西路127号		邮编：710072	
电 话：(029)88491757，88493844			
网 址：www.nwpup.com			
印 刷 者：兴平市博闻印务有限公司			
开 本：787 mm×1 092 mm		1/16	
印 张：13.25			
字 数：348千字			
版 次：2023年3月第1版		2023年3月第1次印刷	
书 号：ISBN 978-7-5612-8655-5			
定 价：45.00元			

前　言

为了体现应用型本科院校教育的特点，满足其培养技术应用型人才的要求，突出应用，加强动手能力，特编写了本书。本书以二十大精神为指引，为国育才，为党育才，以培养具有较强的实践能力和创新意识的应用型人才，培养“中国制造2025”急需的“新工科”人才为目的。编写本书，加大了专业基础教学实验力度，适量增加了专业教学实验与创新实践的内容，使学生能有更多的实践机会，接触到与社会需要较接近的研究实践课题。

本书共分6章。第1章介绍51单片机基础知识。第2章介绍MCS-51单片机常用的开发软件。第3章为汇编程序设计实验，主要包括对存储器进行操作的实验以及软件设计实验，使学生通过实验更好地掌握单片机存储器内部结构及工作原理。第4章是C51程序设计实验，主要介绍51单片机的内部功能及简单扩展实验，着重练习I/O(输入/输出)口、定时/计数器、串行口的使用及A/D(模/数)、D/A(数/模)扩展等。第5章主要是课程设计与创新实验部分，这一部分属于开发型实验，与验证型实验有本质上的不同。为了培养学生的创新能力，对每个题目，只提出要求和目的，需要学生自己去体会和认识，提出实验所需要的单元电路(或单元电路组合)，并确定实现方法。因此，要求学生必须集中精力，认真准备方案，对实践中可能遇到的问题有一定的思想准备和技术准备，否则将达不到预期的效果。第6章为了突出应用型本科教育培养应用型技术人才的特点，介绍了两个应用实例。

本书具有较强的实用性，各部分实验、实践内容由简单到复杂，程序设计和调试也是同样的，只要按照要求逐个完成课程设计和实验(尤其是第5章的课程设计与创新实验)内容，学生的程序设计能力和单片机应用技术必然得到提高。相信通过一定时间的实验和实践，学生一定能够较熟练地掌握单片机应用技术，具备从事单片机应用技术工作的工程能力。

参加本书编写工作的有贡雪梅(第1,3章)，王昆(第1,2章)，杨小丽(第4,5章和第6章的6.1节)，张倩昀(第6章的6.2节)，许刚(附录)。西安文理学院副教授张伟和西安航空学院副教授龙卓群、陈长征对本书提出了许多宝贵的意见，在此表示由衷的感谢。在编写本书的过程中，参考了大量相关文献，在此对其作者一并致谢。

由于水平有限，书中不足之处在所难免，恳请广大读者指正。

编　者

2022年11月

目　　录

第1章　51单片机基础

1.1　单片机概述

1.1.1　单片机

通常意义上的微型计算机结构如图1.1所示。它由运算器、控制器、存储器、输入/输出(I/O)接口电路和输入/输出设备等五部分组成。随着集成电路技术的发展，运算器和控制器被集成为一个独立的器件——中央处理器(Central Processing Unit，CPU)，也称微处理器。

单片机即单片微型计算机(Single Chip Microcomputer)，亦称微控制器(Micro Controller Unit，MCU)。它采用集成电路技术将微型计算机的基本功能集成在一片芯片上，由中央处理器、存储器和I/O接口等组成，其芯片内部各部分之间的信息传递一般通过总线结构完成。

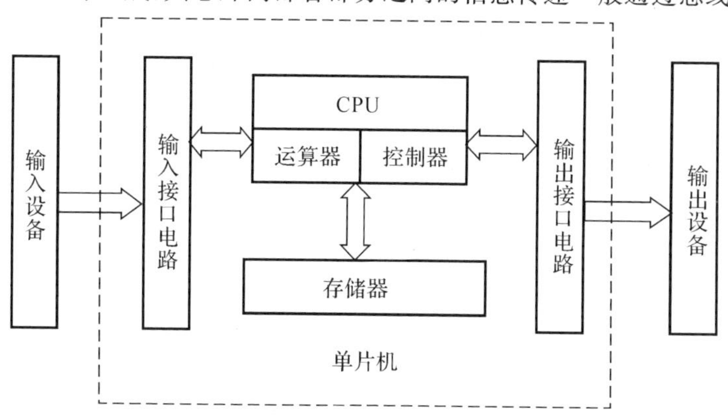

图1.1　微型计算机结构

1.1.2　单片机应用系统

在单片机应用中，需围绕单片机芯片添加一定的外围电路或芯片，连接必要的I/O设备组成具有特定应用功能的硬件组合体，称为单片机的硬件系统。同时，单片机硬件系统需要软件系统控制其有序地完成预定功能。如图1.2所示，正确无误的硬件结合良好的软件功能才可构成一个实用的单片机应用系统。单片机应用系统的设计步骤如下：

(1)分析实际要求，划分软硬件功能。

(2)硬件系统设计。

(3)编写系统软件。

(4)仿真调试应用系统，排除软件错误和硬件故障。

(5)将正确的程序固化到存储器中。

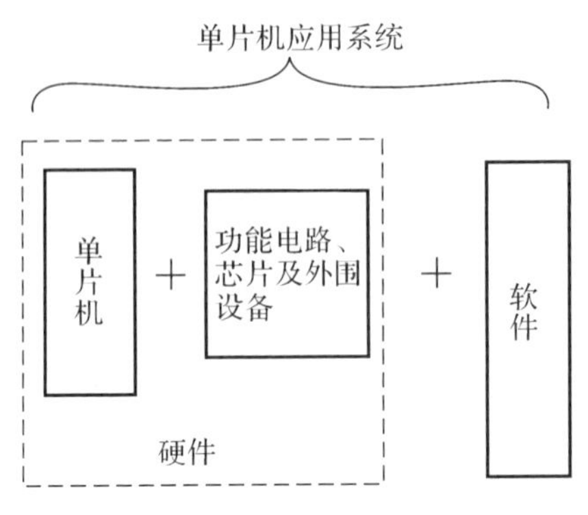

图 1.2　单片机应用系统

1.1.3　单片机的应用及发展趋势

随着CPU的出现，美国Intel公司于1971年推出了4位单片机4004，1972年推出了8位单片机8008，1976年研制出MCS-48系列8位的单片机。随后30多年里，单片机及其相关的技术以每三四年更新一代、集成度增加一倍、功能翻一番的速度经历了数次的更新换代。

单片机由于体积小、功耗低、控制功能强、易扩展以及优异的性价比等优点被广泛应用于仪器仪表、家用电器、医用设备、航空航天、专用设备的智能化管理及过程控制等领域。

单片机具有较强的实时数据处理能力和控制能力，可以使系统保持良好工作状态，提高系统的工作效率和产品质量，所以在工业测控、计算机网络、通信、航空航天以及尖端武器等各种实时控制传输系统中作为控制器被广泛使用。

当前，单片机正朝着高速、高性能、多样化的方向发展。根据当前的市场需求与单片机本身的特点，其发展趋势主要表现在以下三方面。

1. 内部器件的优化

(1)CPU的改进。CPU是单片机的核心，未来其将由当前采用的单CPU结构趋于多CPU结构，并增加数据总线以提高数据处理速度与能力。同时，采用流水线结构，提高处理和运算速度，以适应实时控制和处理的需要。

(2)增大存储容量。当前主流的51单片机片内容量较小，使得在一些复杂控制场合下，无法满足要求。虽然可以外接扩展，但是其必然带来较多麻烦，如接口的扩展等，而且程序很难保密。因此，片内ROM(只读存储器)和RAM(随机存储器)的扩容以及程序的保密化成为单片机的发展潮流之一。

(3)提高并行接口的驱动能力，以减少外围驱动芯片，从而增加外围I/O的逻辑功能和控制的灵活性。

2. 外围器件电路的扩展优化

(1)外围电路的内装化。由于集成电路工艺的不断改进和提高，越来越多的复杂外围电路将被集成到单片机中，如D/A转换器、A/D转换器、看门狗电路、LCD(液晶显示器)控制器等。这使得单片机自身功能得到提高，同时也减小了单片机系统的体积。

(2)外围设备的扩展将以串行方式为主。串行扩展具有方便、灵活、电路系统简单、占有I/O接口资源少等优点，可以大大降低远距离传送成本，因此，未来单片机外围扩展任务将以串行方式为主导。

(3)和互联网、通信网的连接。在远程控制中，异地之间信息的传递成为发展的需要，故作为微型控制系统核心的单片机与互联网、通信网的连接已经成为一种明显的趋势。

3. 可靠性和集成度的提高

在制作工艺上采用更小的光刻工艺和 CMOS(互补金属氧化物半导体)化。更小的光刻工艺可以使芯片更小、成本更低，而 CMOS 则具有较宽的工作电压、较低的功耗。在更好的半导体工艺出现之前，其主导作用将会继续。

总之，单片机正朝着高性能、多内部资源、多功能化引脚、高可靠性、低电压、低功耗、低成本、低噪声的方向发展。

1.2 单片机的内、外部结构

1.2.1 51 系列单片机概述

虽然单片机的品种繁多，但作为 8 位单片机的典型代表当属 Intel 公司的 MCS－51 单片机系列。目前，如 Atmel 公司、Philips 公司等世界知名 IC(集成电路)厂家都生产与 MCS－51 兼容的芯片。这些单片机都是以 80C51 为核心并与 MCS－51 芯片结构和指令系统兼容的。

80C51 单片机是 MCS－51 系列单片机中 CHMOS(高性能互补金属氧化物半导体)工艺的一个典型品种，而其他厂商以 8051 单片机为基核开发出的 CMOS 工艺单片机产品被统称为 80C51 系列，其典型产品有 AT89 系列、P87C 系列、P89C 系列、C500 系列等。

1.2.2 80C51 单片机内部结构

1. 基本组成

80C51 单片机的基本结构框图如图 1.3 所示。

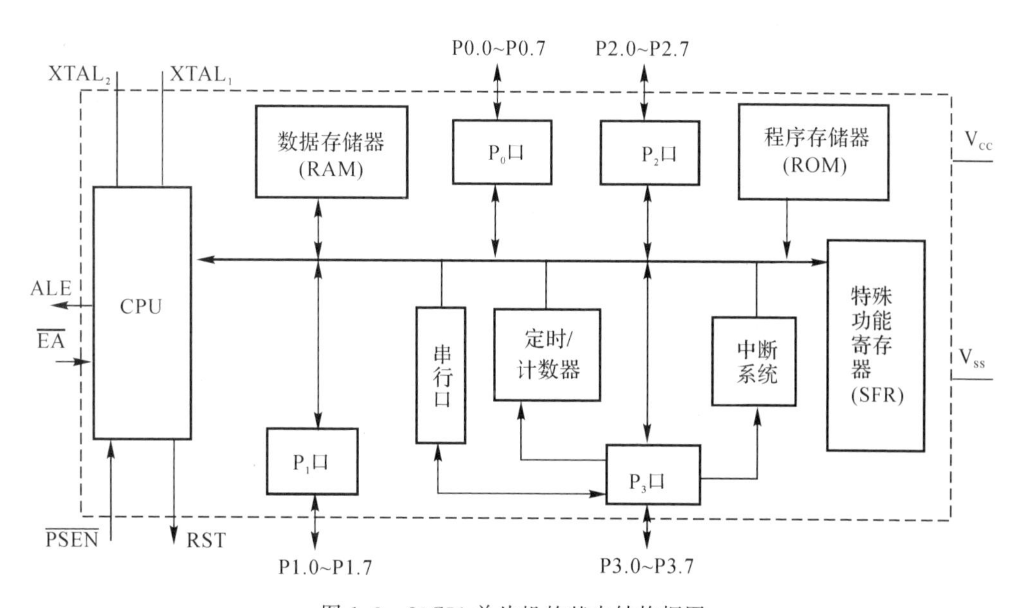

图 1.3　80C51 单片机的基本结构框图

由图 1.3 可见,80C51 单片机主要由五大部分通过片内总线连接而成。这五大部分分别是 CPU、存储器、I/O 口、定时/计数器以及中断系统。

2. 内部主要部件

(1)CPU:CPU 由运算器、控制器和若干特殊功能寄存器(如累加器 A、寄存器 B、程序状态字 PSW、堆栈指针寄存器 SP、数据指针寄存器 DPTR 等)组成。它主要完成每条指令的读入和分析,根据指令的功能控制单片机的各功能部件执行指定的操作。

(2)存储器:80C51 单片机内部存储器分为两大类,即程序存储器(ROM)和数据存储器(RAM)。程序存储器用来存放程序或常数,数据存储器用来存放暂时性的输入、输出数据和运算中间结果。如果片内存储器容量不够,也可在片外扩展 ROM 或 RAM。

(3)I/O 口:80C51 单片机具有 4 个并行双向输入/输出端口(通常称为 P_0 口、P_1 口、P_2 口和 P_3 口)和 1 个全双工的串行口。①P_0 口是一个双功能的 8 位并行 I/O 端口,端口地址为 80H。它既可以作为通用的输入/输出口使用,又可作为地址/数据分时复用总线。在作为地址/数据总线时,P_0 口分时传输低 8 位地址和 8 位数据。②P_1 口是一个单功能的 8 位并行 I/O 端口,端口地址为 90H。它只能作为通用的数据输入/输出口使用。③P_2 口是一个双功能的 8 位并行 I/O 端口,端口地址为 A0H。它既可以作为通用的输入/输出口使用,又可作为地址总线。在作为地址总线时,P_2 口分时传输高 8 位地址,与 P_0 口的低 8 位地址一起可构成 16 位的片外地址总线。④P_3 口是一个双功能的 8 位并行 I/O 端口,端口地址为 B0H。它的第一功能是通用输入/输出口,同时 P_3 口每一位都具有特定功能。⑤全双工串行口既可以作为串行异步通信(UART)接口,也可作为同步移位寄存器方式下的串行扩展接口。串行口有 4 种工作方式,其中方式 0 用于串行口扩展,方式 1、方式 2、方式 3 都用于异步通信。

(4)定时/计数器:80C51 单片机具有 2 个可编程的 16 位定时/计数器——定时/计数器 0 和定时/计数器 1。它们可由程序设定定时/计数器模式控制寄存器 TMOD 的相应控制位,选择其作为定时器或计数器用,也可选择 4 种不同工作方式。同时,定时/计数器的定时时间和计数初值也可由程序设定。

(5)中断系统:80C51 单片机提供 5 个中断源,2 个优先级,可实现二级中断服务嵌套。5 个中断源分别是外部中断 0(INT_0)、外部中断 1(INT_1)、片内定时/计数器 0 溢出中断、片内定时/计数器 1 溢出中断和串行口接收/发送中断。每个中断源的中断标志位、中断源允许及中断优先级可由程序查询或设置定时器控制寄存器 TCON、串行口控制寄存器 SCON、中断允许控制器 IE 和中断优先级寄存器 IP 的相应位来设置。

1.2.3 80C51 单片机典型产品引脚及片外总线结构

1. 引脚及功能

总线型双列直插式(DIP)封装的 80C51 单片机具有 40 个引脚,如图 1.4 所示。

(1)电源及时钟引脚。

1)V_{CC}:电源端,接+5V。

2)V_{SS}:接地端。

3)$XTAL_1$:片内振荡电路的输入端,当接外部晶振电路时与其一端相连(采用外部时钟时,此引脚接地)。

4)$XTAL_2$:片内振荡电路的输出端,当接外部晶振电路时与其另一端相连(采用外部时钟时,此引脚接外部时钟信号输入端)。

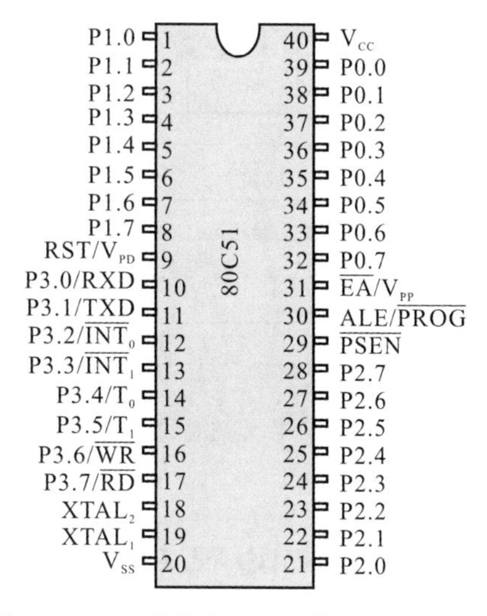

图1.4　DIP封装的80C51单片机引脚排列

(2)并行双向I/O接口引脚。

1)P0.0～P0.7:通用I/O口引脚或片外8位数据/低8位地址总线复用引脚。

2)P1.0～P1.7:通用I/O口引脚。

3)P2.0～P2.7:通用I/O口引脚或片外高8位地址总线引脚。

4)P3.0～P3.7:通用I/O口引脚或第二功能引脚。其第二功能如下:

- P3.0:RXD(串行输入端)。
- P3.1:TXD(串行输出端)。
- P3.2:$\overline{INT_0}$(外部中断0输入端)。
- P3.3:$\overline{INT_1}$(外部中断1输入端)。
- P3.4:T_0(定时/计数器0外部输入端)。
- P3.5:T_1(定时/计数器1外部输入端)。
- P3.6:$\overline{WR}$(片外数据存储器“写”选通控制输出端)。
- P3.7:$\overline{RD}$(片外数据存储器“读”选通控制输出端)。

(3)控制信号引脚。

1)RST/V_{PD}:复位信号引脚/备用电源输入引脚。

2)$ALE/\overline{PROG}$:地址锁存信号引脚/编程脉冲输入引脚。

3)$\overline{EA}/V_{PP}$:内外程序存储器选择信号引脚/编程电压输入引脚。

4)$\overline{PSEN}$:外部程序存储器选通信号输出引脚。

2. 片外三总线结构

在单片机应用系统中,单片机必然要与一定数量的外围设备或部件连接。为了简化硬件电路的设计和系统结构,通常用一组线路,并配置适当接口电路与外围设备和部件连接,这组公用连接线被称为总线。单片机在与外围设备或部件连接时的总线结构如图1.5所示。

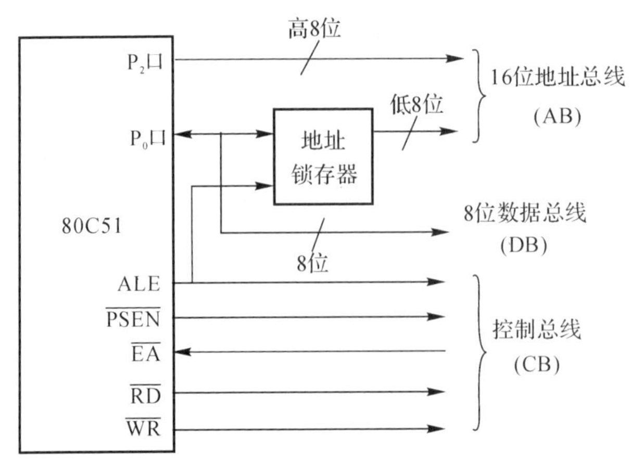

图 1.5 片外三总线结构

1.3 单片机的程序设计语言

由于单片机本身无软件开发功能，因而其软件程序的编写必须借助于开发工具。目前，单片机的程序编制主要使用汇编语言和 C 语言。

1.3.1 汇编语言

汇编语言用符号(助记符)表示指令，它是单片机应用中最常用的编程语言。

1. 指令格式和常用符号

指令格式指的是指令的表示方法，包括指令的长度和内部信息安排等。80C51 单片机的汇编语言指令基本格式为：

[标号:]　操作码助记符　　[操作数]　[;注释]

(1)标号。它表示该语句所在的地址，可由用户根据需要自行设定。标号由 1～8 个 ASCII 码字符组成，必须以字母开头，且不能使用汇编语言中已定义的符号，如操作码助记符、寄存器名称等。

(2)操作码助记符。它用来规定指令进行何种操作，是指令中唯一不能空缺的部分。

(3)操作数。它表示参与指令操作的数或数所在的地址，其可以空缺，也可为多个。若为多个操作数，则其之间以逗号分隔。指令中若有两个操作数，一般将前面的操作数称为目的操作数，后面的操作数称为源操作数。

(4)注释。它是对语句功能的解释说明，不产生目标代码。注释必须用“;”开头，当注释内容一行写不完时，可以换行继续写，但是新一行必须同样以“;”开头。

在指令功能的描述中常用到以下符号：

- Rn—— 当前选中的是工作寄存器组的寄存器 R0～R7 之一；
- Ri—— 当前选中的是工作寄存器组的寄存器 R0 或 R1；
- @—— 间接寻址或变址寻址前缀；
- ＃data—— 8 位立即数；
- ＃adata16—— 16 位立即数；

- direct—— 片内RAM单元地址及SFR(特殊功能寄存器)地址；
- add11—— 11位目的地址；
- add16—— 16位目的地址；
- rel——补码形式的8位地址偏移量，偏移范围为－128～＋127；
- bit——片内RAM或SFR的直接寻址位地址；
- /—— 位操作数取反；
- (×)—— ×地址单元或寄存器的内容；
- ((×))—— 以×单元或寄存器内容为地址所指单元的内容；
- ← —— 数据传送方向；
- $—— 当前正在执行指令的首地址。

2. 寻址方式

执行任何一条指令都需要使用操作数，寻址方式就是在指令中给出的寻找操作数或操作数所在地址的方法。80C51单片机的寻址方式共有7种，见表1.1。

表1.1　80C51单片机的寻址方式及特点

序号	寻址方式	对应寄存器或存储空间	特点
1	立即寻址	ROM	操作数在指令中以立即数的形式直接给出，例如：MOV A，＃33H；A←33H
2	直接寻址	片内RAM 128B，SFR	指令中直接给出操作数所在的单元地址，例如：MOV A，52H；A←(52H)
3	寄存器寻址	寄存器R0～R7，A，B，DPTR和C	指令中给出了操作数所在的寄存器，例如：MOV A，R5；A←(R5)
4	寄存器间接寻址	片内RAM(@R0，@R1，Sp)，片外RAM(@R0，@R1，@DPTR)	以指令中给出的寄存器的内容为地址，该地址单元的内容才是操作数，例如：MOVX A，@DPTR；A←((DPTR))
5	变址寻址	ROM(@A＋DPTR/PC)	以PC或DPTR作为基址寄存器，A作为变址寄存器，将两者的内容相加得到操作数所在单元的地址，例如：MOV A，@A＋DPTR；A←((A)＋(DPTR))
6	相对寻址	ROM	目的地址＝当前程序计数器(PC)＋rel，例如：SJMP rel；PC ←(PC)当前值＋rel
7	位寻址	可寻位址(片内RAM 20H～2FH单元和SFR的位)	在位操作指令中使用，例如：SETB bit；bit←1

3. 80C51单片机指令汇总

80C51单片机的指令系统共有111条指令。按照指令的功能可分为数据传送类指令(28条)，算术运算类指令(24条)，逻辑运算与移位类指令(25条)，控制转移类指令(17条)，位操作类指令(17条)。具体指令见附录B。

4. 伪指令

单片机汇编语言程序设计中常常会用到另一种指令——伪指令(称为指示性指令)。它具有和汇编指令相类似的形式，但其无机器码，也不产生可执行的目标代码，不影响程序的执行。

伪指令只是向汇编程序发出指示性信息，具有控制汇编程序的输入/输出、定义数据和符号、分配存储空间等功能。它在汇编过程中起作用，并不指示单片机做任何操作。常用的伪指令见表 1.2。

表 1.2　常用伪指令

序号	伪指令	常用格式	功能
1	汇编起始地址命令	ORG 16 位地址	说明后面程序存放的起始地址
2	汇编终止命令	END	表明源程序结束
3	定义字节命令	[标号:] DB ＜8 位数据表＞	表明 DB 后的 8 位数据项从标号代表的地址单元处开始依次存放
4	定义数据字节命令	[标号:] WB ＜16 位数据表＞	表明 WB 后的 16 位数据项从标号代表的地址单元处开始依次存放
5	定义存储区命令	[标号:] DS ＜表达式＞	标号开始处预留指定数目的空白字节单元作为存储区，供程序运行时使用
6	赋值命令	＜字符名称＞EQU/＝ ＜赋值项＞	字符名称和赋值项在程序中可通用
7	位定义命令	＜字符名称＞BIT ＜位地址＞	字符名称和位地址在程序中可通用

1.3.2　C 语言

C 语言是一种结构化的高级程序设计语言，且能直接对计算机的硬件进行操作。国内 51 系列单片机使用的 C 语言被简称为 C51 语言。用 C 语言编写单片机应用程序与编写标准的 C 语言程序的不同之处在于根据单片机存储结构及内部资源定义相应的数据类型和变量，而在语法规定、程序结构及程序设计方法上则与标准 C 语言程序设计相同。

1. C51 数据类型及其在 51 单片机中的存储方式

C51 提供的数据结构是以数据类型的形式出现的。C51 编译器支持的数据类型有基本类型、指针类型、构造类型以及空类型等。C51 常用数据类型见表 1.3。

表 1.3　C51 常用数据类型

数据类型			长度/b	字节数	值域
基本类型	字符型	signed char	8	1	－128～127
		unsigned char	8	1	0～255
	整型	signed int	16	2	－32 768～32 767
		unsigned int	16	2	0～65 525
	长整型	signed long	32	4	－2 147 483 648～2 147 483 647
		unsigned long	32	4	0～4 294 967 295
	浮点型	float	32	4	±1.176E－38～±3.40E＋38(6 位数字)

续 表

数据类型			长度/b	字节数	值域
基本类型	位型	bit	1	1	0.1
		sbit	1	1	0.1
一般指针类型			24	3	0～65 535

C51 可支持表 1.3 中所列的数据类型，但为了提高代码的运行效率，在编程时最好采用无符号型数据和尽量少的数据变量类型。在 80C51 单片机中只有 bit 和 unsined char 两种数据类型可直接存储和支持指令。整型、长整型和浮点型变量存储时都遵循先存高位，再存低位的原则，但浮点型变量的格式比较特殊。C51 的浮点型变量使用格式与 IEEE－754 标准有关，用符号位表示数的符号，用阶码和尾数表示数的大小，精度为 24 位，尾数的高位始终为“1”。32 位浮点型变量按字节在内存中的存储格式见表 1.4，其中 S 为符号位（1 表示负数，0 表示正数），E 为阶码，M 为 23 位尾数，最高位为“1”。

表 1.4　浮点型变量在内存中按字节存储格式

地址大小	内容
driect	MMMMMMMM
driect＋1	MMMMMMMM
driect＋2	EMMMMMMM
driect＋3	SEEEEEEE

2. C51 数据的存储类型

在 80C51 单片机中，存储器分为程序存储器和数据存储器，且都分为片内和片外两个独立的寻址空间，特殊功能寄存器与片内 RAM 统一编址，数据存储器与 I/O 口统一编址。

C51 是面向 80C51 单片机及其硬件控制系统的开发工具，它定义的任何数据类型都必须以一定的存储类型定位于单片机的某一存储区中。C51 存储类型与 80C51 单片机存储空间的对应关系见表 1.5。

表 1.5　C51 存储类型与 80C51 单片机存储空间的对应关系

存储类型	长度/b	与单片机存储空间对应关系		
bdata	1	片内 RAM	位寻址区，允许位与字节混合访问	片内 20H～2FH RAM 单元
data	8		直接寻址，访问速度快	低 128b
idata	8		间接寻址	全部 RAM
pdata	8	片外 RAM	分页寻址	256b，由 MOVX　@Ri 访问
xdata	16		间接寻址	64 Kb，由 MOVX　@DPTR 访问
code	16	ROM	间接寻址	64 Kb，由 MOVC　@DPTR 访问

变量类型定义的一般格式为：

数据类型　存储类型　变量名

例如：unsigned char data var

如缺省存储类型，编译器会自动默认存储类型。默认的存储类型由编译器控制命令中SMALL（默认 data 型）、COMPACT（默认 pdata 型）和 LARGE（默认 xdata 型）的存储模式指令限制。

3. 80C51 硬件结构的 C51 定义

（1）特殊功能寄存器（SFR）。在 C51 中，特殊功能寄存器及其可位寻址的位可用关键字 sfr 和 sbit 来定义，这种方法与标准 C 不兼容，只能用于 C51。

格式 1：

```
sfr   srf－name = int constant
```

其中，"＝"后面必须是一个整型常数，不允许为带有运算符的表达式。其取值是 sfr－name 的对应单元地址，必须在 SFR 地址范围（080H～0FFH）内。例如：

```
sfr   SCON = 0x98; /* 设置 SFR 串行口寄存器地址为 98H */
```

格式 2：

```
sbit bit－name = sfr－name ^ constant
sbit bit－name = sfr－driect ^ constant
```

其中，"＝"后赋值项可以以 SFR 名^位置或 SFR 单元地址^位置的形式给出。例如：

```
sfr PSW = 0xD0;   /* 先定义程序状态字 PSW 的地址为 0D0H */
sbit CY = PSW^7   /* 定义进位标志 CY 为 PSW.7，地址映象为 0D7H */
```

或直接定义：

```
sbit CY =0xD0^7   /* 定义进位标志 CY 为 PSW.7，是地址 0D0H 的第 7 位，地址映象为 0D7H */
```

（2）并行接口。使用 C51 进行编程时，80C51 单片机的并行 I/O 口（包括 P_0～P_3 4 个 I/O 口和片外扩展的 I/O 口）可以在头文件中定义，也可在程序中定义。

片内 I/O 口按 SFR 的方法定义，例如：

```
str P1=0x90; /* 定义 P1 口，地址为 90H */
sibt P1－x= P0^x; /* 定义 P1 口的各管脚 */
```

片外扩展 I/O 口，则根据硬件译码地址，将其视为片外存储单元的一个单元，可以使用 #define 语句来定义。例如：

```
#include<abscacc.h>                  /* 必须要，不能少 */
#define PORTA XBYTE[0xff0d]          /* 定义外部 I/O 口 */
```

abscacc.h 是 C51 中绝对地址访问函数的头文件，将 PORTA 定义为外部 I/O 口，地址为 ff0dH。当然也可把对外部 I/O 口的定义放在一个头文件中，然后在程序中通过 #include 语句调用。一旦在头文件或程序中通过使用 # define 语句对片外 I/O 口进行了定义，在程序中就可以自由使用变量名（如：PORTA）来访问这些外部 I/O 口了。

4. C51 的构造数据类型

C51 除提供基础数据类型外，还提供了一些扩展的数据类型，它们是由 C51 支持的基本数据类型按一定的规则组合成的数据类型，被称为构造数据类型。C51 支持的构造数据类型有数组、指针等。

(1)数组。

一维数组定义：

类型说明符　数组名[常量表达式]

二维数组定义：

类型说明符　数组名[常量表达式][常量表达式]

字符数组定义：

类型说明型　数组名[常量表达式]

例如：

int b [10]；/＊定义一维整型数组b,共有b[0]～b[9]10个元素＊/

int a [3] [3]；/＊定义3×3的整型数组a,共9个元素＊/

char aa [10]；　/＊定义一维字符数组aa,aa[0]～aa[9]10个元素都是字符＊/

数组初始化,例如：

int idata b[10]={2，3，7，5，14，4，0，0，11，9}；

int a [3] [4]={22，0，11，5，3，1，0,15,19}；或 int a [3] [4]={{22，0，11}，{5，3，1}，{0,15,19}}；

char aa [10]={'good girl!'}；

(2)指针。指针变量是指一个专门用来存放另一个变量地址(指针)的变量。指针实质上就是内存中某项内容的地址。指针变量定义的一般格式：

类型说明符　＊指针变量名

在C51中,不仅有指向一般变量的指针,还有指向各种构造数据类型成员的指针。C51支持“通用”指针和“基于存储器”的指针两种类型。

通用指针可以访问存放在任意存储空间的任何变量。当指针定义时未对指针指向的对象存储空间进行说明的,默认为通用指针。通用指针占用3个字节,其中1个字节为存储类型,另2个字节为偏移地址。存储类型决定了对象所占用的80C51存储空间,偏移地址指向实际地址。

例如,以xdata类型的0x3f00地址为指针的通用指针的字节分配见表1.6。

表1.6　通用指针的字节分配举例

地址	+0	+1	+2
内容	0x02(存储类型编码)	0x3f	0x00

基于存储器的指针以存储类型为参量,用这种指针可以高效访问指针指向单元的内容。这类指针的长度为1个字节(idata ＊,data ＊,pdata ＊)或2个字节(code ＊,xdata ＊)。例如：

char xdata ＊px；

表示在xdata存储空间定义了一个指向字符型的指针变量px。指针自身在默认存储区(具体在哪个存储区由存储器模式决定),长度为2个字节(0～0xffff)。又如：

char xdata ＊data px；　或　data char xdata ＊ px；

这里明确了指针自身位于 80C51 内部存储区 data 区，与存储器模式无关。其他与上例相同。

C51 允许将存储器类型定义放在语句的开头，也可以直接放在定义的对象名之前，一般多采用后一种定义方法。

5. 中断服务程序的定义

C51 编译器支持直接编写中断服务函数程序。C51 在编程时使用关键字 interrupt 可以将一个函数定义成中断服务函数。同时，C51 编译器在编译时对定义为中断服务程序的函数可自动添加进行相应的现场保护、阻断其他中断、返回时恢复现场等处理的程序段，因而在编写 C51 中断服务函数时可以不必考虑这些问题。定义中断服务函数的一般形式为：

函数类型　函数名(形式参数表)[interrupt n][using n]

关键字 interrupt 后面的 n 是中断号，n 的取值范围为 0 ～ 31。编译器从 $8*n+3$ 处产生中断向量，具体的中断号 n 和中断向量取决于不同的单片机芯片。常用中断源和中断向量见表 1.7。

表 1.7　常用中断源和中断向量

n	中断源	中断向量 ($8*n+3$)
0	外部中断 0	0003H
1	定时器 0	0000BH
2	外部中断 1	0013H
3	定时器 0	001BH
4	串行口	0023H
其他值	保留	$8*n+3$

using 后面的 n 是一个 0～3 的整型常数，分别选中 4 个不同的工作寄存器组。如果不用该选项，则由编译器选择一个寄存器组作绝对寄存器组访问。

编写 80C51 单片机中断程序时应遵循的规则：①中断函数不能进行参数传递，中断函数中包含任何参数声明都将导致编译出错。②中断函数没有返回值，因此建议在定义中断函数时将其定义为 void 类型，以明确说明没有返回值。③在任何情况下都不能直接调用中断函数。④如果在中断函数中调用了其他函数，则被调用函数所使用的寄存器组必须与中断函数相同。

6. 定时/计数器的编程

定时/计数器编程主要是定时/计数的初始化，包括 TMOD 的赋值、初值的设定、中断的设定以及启动。

例如：设单片机晶振频率 $f_{osc}=6$ MHz，要求 P1.2 脚输出 10 kHz 方波。程序如下：

```
#include<reg51.h>   //51 单片机头文件
sbit P1_2=P1^2;
void main ( )
{ TMOD=0x02;
  TH0=256-100;
```

```
    TL0=256-100;
    TR0=1;
    do{ } while (! TF0); //查询 TF0 状态,等待定时时间到 TF0 取反
    P1_2=! P1_2; //定时时间到,P1.1 取反
    TF0=0;
}
```

7. C51 程序结构

C51 语言程序采用函数结构,每个 C51 语言程序由一个或多个函数组成。C51 程序与标准 C 语言程序结构完全相同,其主要包括以下几部分:

```
预处理命令:include< reg51.h > //包含头文件(一般必须有,还有其他的)
函数说明:int  function1(); //函数先定义后使用(分号不可少)
变量定义:int  i , j; //在所有函数前定义的是全局变量
主函数:void  main()//大部分情况为空类型
        {
      函数体语句  //完成一定功能(一般必须有)
        }
调用函数:void  function1(参数表)//涉及的调用函数
        {
        函数体语句  //完成一定功能(一般必须有)
        }
```

第2章　单片机应用系统的开发工具

2.1　软件开发工具 Keil

单片机开发中除必要的硬件外，同样离不开软件，不同语言源程序要变为 CPU 可以执行的机器码有两种方法，一种是手工汇编，另一种是机器汇编。目前应用的多为机器汇编，所谓机器汇编就是通过编译软件将源程序变为机器码。Keil 软件是众多单片机应用开发的优秀软件之一，它集编辑、编译、仿真于一体，支持汇编、PLM 语言和 C 语言的程序设计，界面友好，易学易用。运行 Keil 软件需要 Pentium 或以上的 CPU，16MB 或更多 RAM，20MB 以上空闲的硬盘空间，Windows 98，Windows NT，Windows 2000，Windows XP 等操作系统。

Keil 为 8051 单片机的软件开发提供了多种语言环境，C51 已被完全集成到 μVision4 的集成开发环境中，这个集成开发环境包含编译器、汇编器、实时操作系统、项目管理器、调试器。μVision4 IDE 可为它们提供灵活的开发环境。即使不使用 C 语言，而仅用汇编语言编程，Keil 方便易用的集成环境、强大的软件仿真调试工具也会令人得心应手。

学习程序设计语言、学习某种程序软件，最好的方法是直接操作实践。下面通过简单的编程、调试，引导大家学习 Keil 软件的基本使用方法和基本的调试技巧。

2.1.1　Keil 软件的启动

进入 Keil 后，屏幕如图 2.1(a)所示，几秒钟后出现编辑界面，如图 2.1(b)所示。

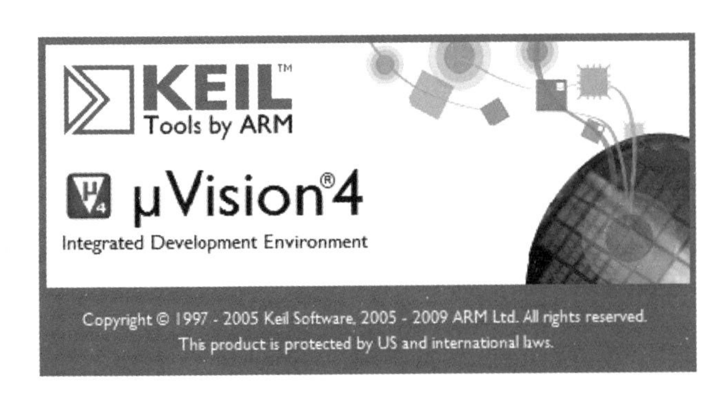

(a)

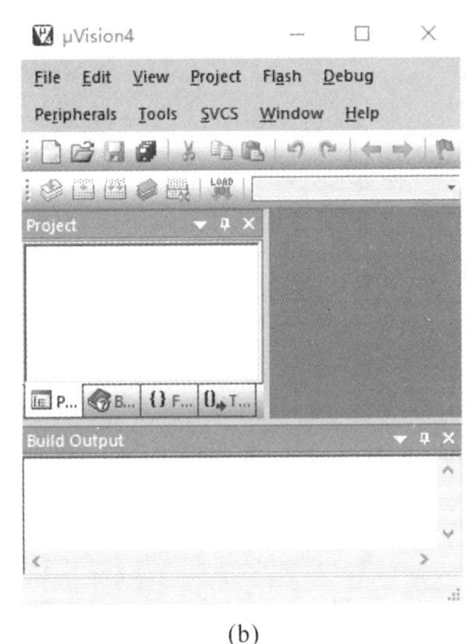

(b)

图 2.1　Keil 启动与编辑界面

(a)启动界面；(b)编辑界面

2.1.2　Keil 工程项目的建立

1. 建立一个新工程

(1)如图 2.2 所示,单击 Project 菜单,在弹出的下拉菜单中选中 New μVision Project 选项,出现一个对话框,要求选择保存的路径。如图 2.3 所示,可以在编辑框中输入一个工程文件的名字(如保存到 C51 目录里,工程文件的名字为 C51),然后单击“保存”按钮。

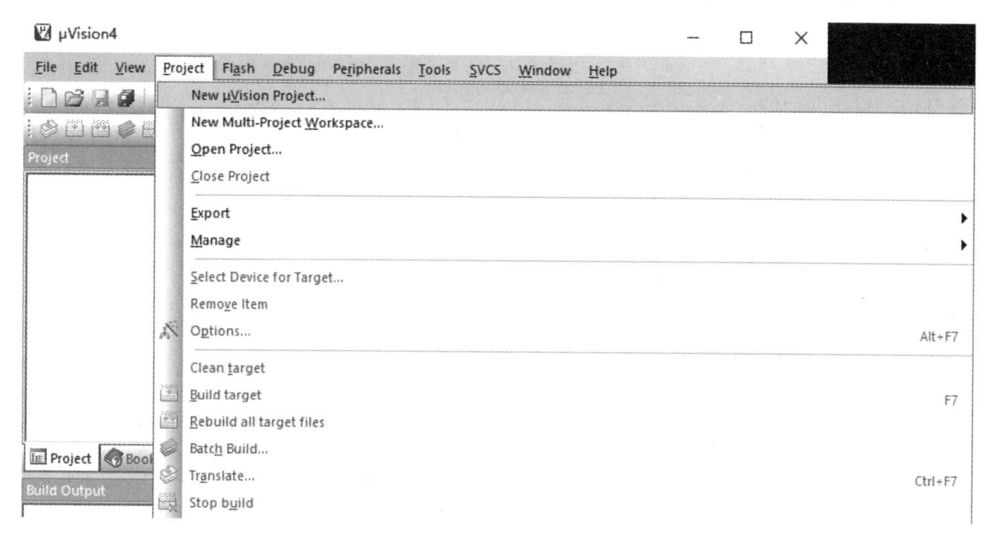

图 2.2　New μVision Project 选项菜单

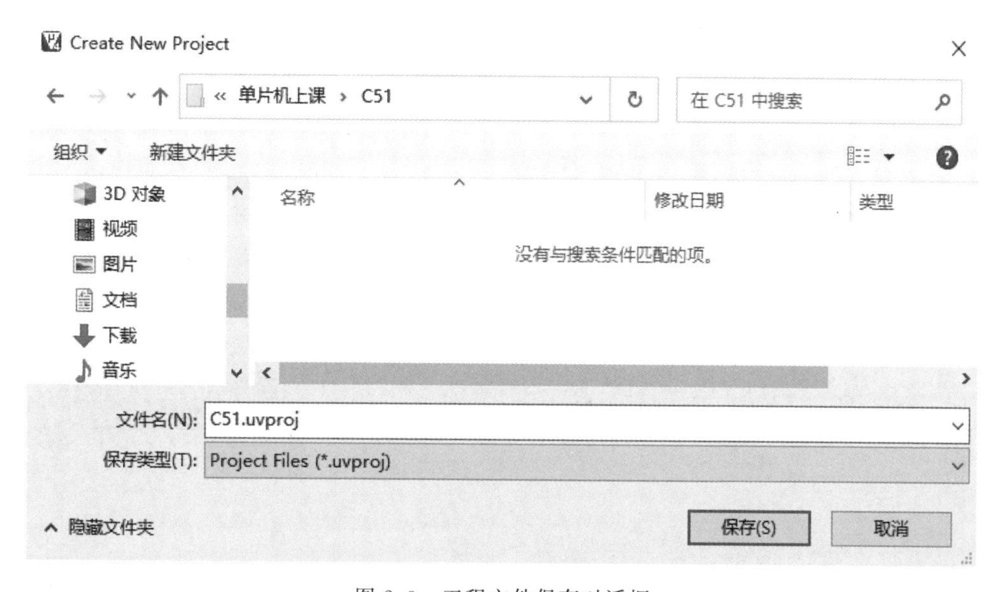

图 2.3　工程文件保存对话框

(2)在弹出的对话框中要求选择单片机的型号,可以根据使用的单片机来选择。Keil 几乎支持所有的 51 核的单片机,这里以大家用得比较多的 Atmel 的 AT89C51 为例。如图 2.4 所示,选择 AT89C51 之后,右边栏是对这个单片机的基本说明,然后单击“确定”按钮。

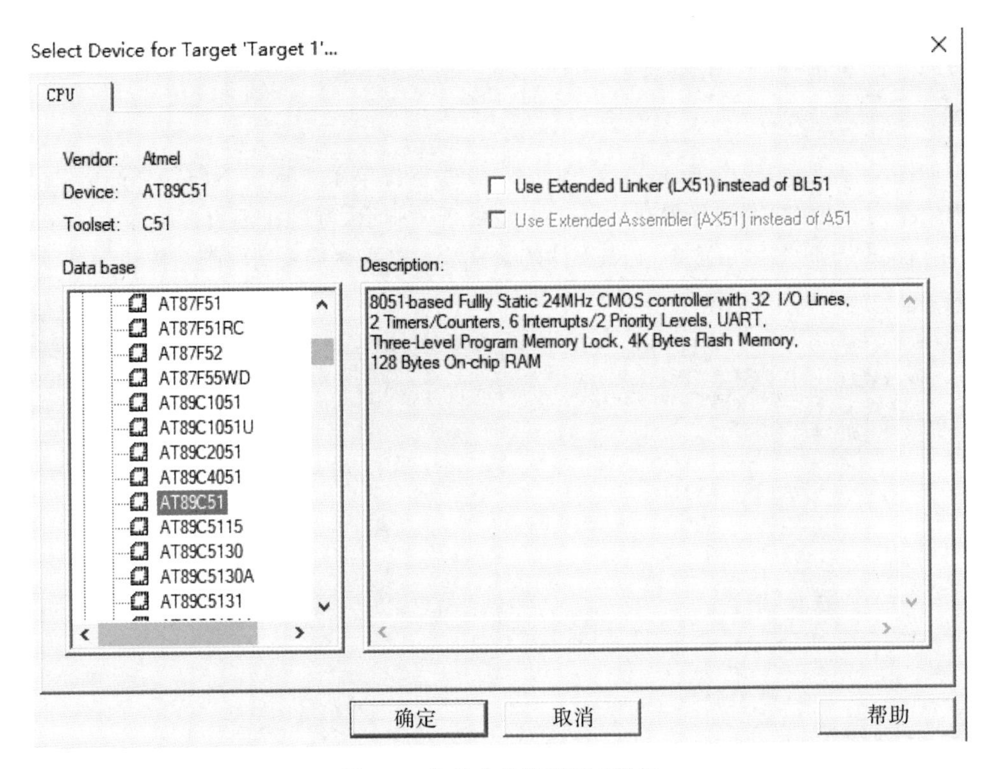

图 2.4　选择单片机型号对话框

(3)完成上一步骤后,屏幕如图 2.5 所示,为工程文件界面。

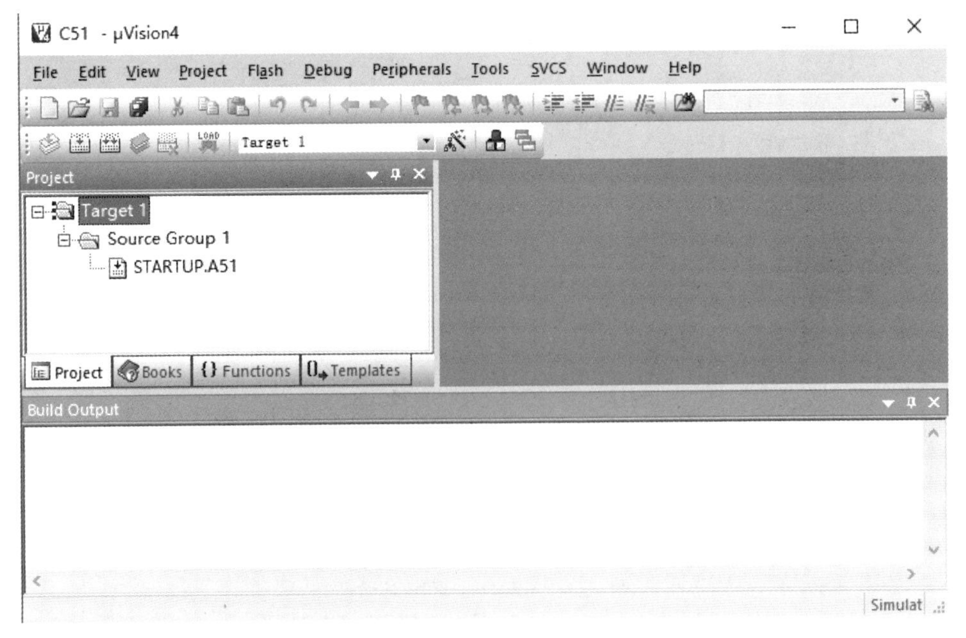

图 2.5　工程文件界面

2. 源文件的建立及添加

上述建立的是一个空项目,需要根据实际要求编写源程序并添加到项目中。

（1）在图 2.5 中，单击“File”菜单，并在下拉菜单中单击“New”选项新建文件，屏幕更新后如图 2.6 所示。此时光标在编辑窗口里闪烁，可以键入用户的应用程序（但建议首先保存该空白的文件），然后单击菜单栏上的“File”，在下拉菜单中选中“Save As”选项，出现如图 2.7 所示的对话框。在“文件名”栏的编辑框中，键入欲使用的文件名，同时，必须键入正确的扩展名。注意：如果用 C 语言编写程序，则扩展名为 .c；如果用汇编语言编写程序，则扩展名必须为 .asm。最后，单击“保存”按钮。

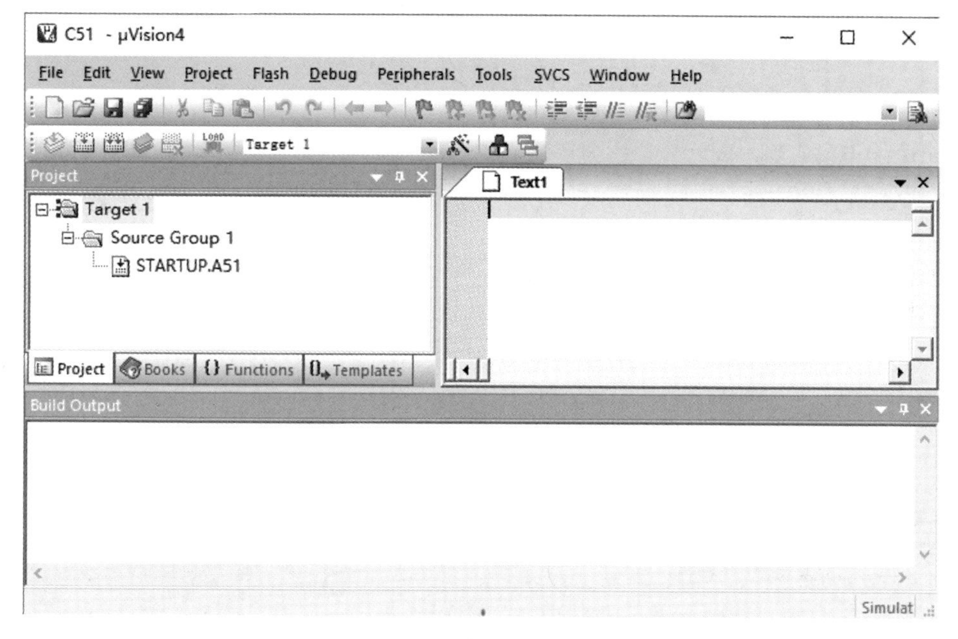

图 2.6　新建文件操作界面

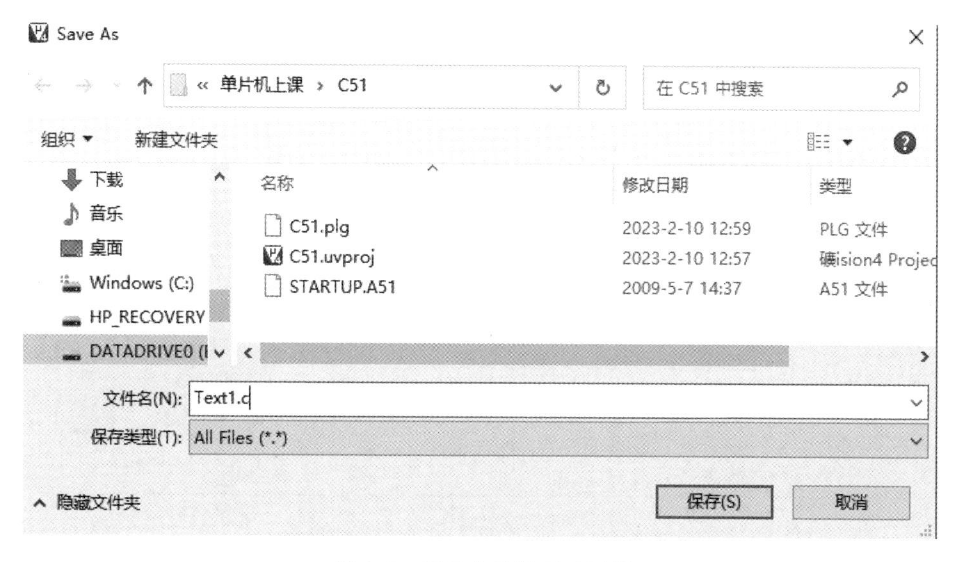

图 2.7　程序文件保存对话框

（2）回到编辑界面后，单击“Target 1”前面的“+”号，然后在“Source Group 1”上单击右键，弹出如图 2.8(a)所示的菜单。单击菜单中的“Add Files to Group ‘Source Group 1’”项，

弹出如图 2.8(b)所示的对话框。选中对话框中的 Text1.c 文件,然后单击“Add”按钮。

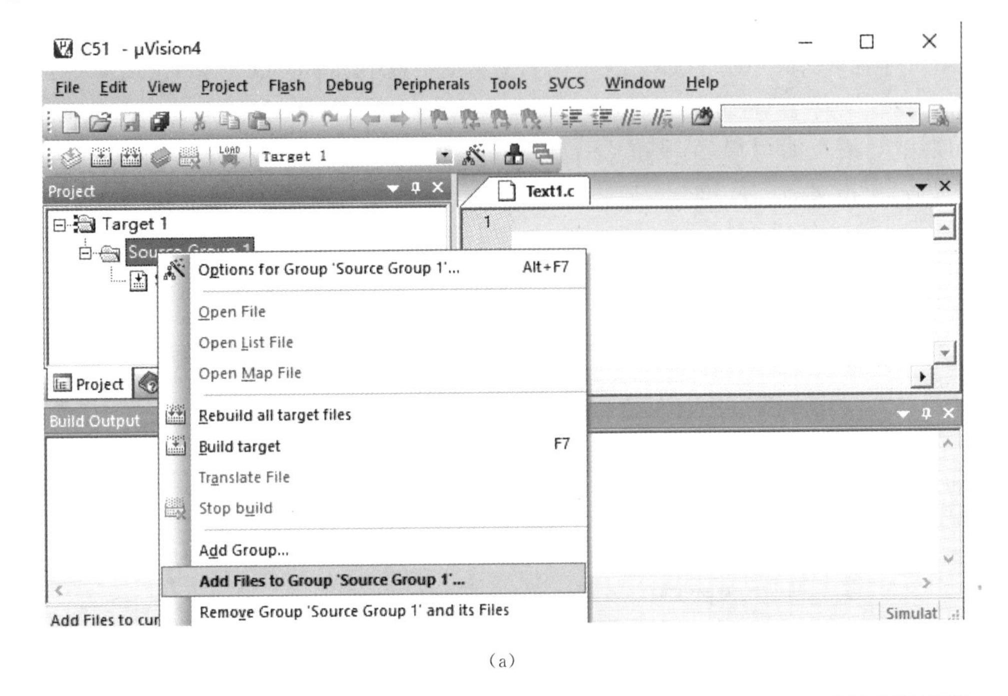

(a)

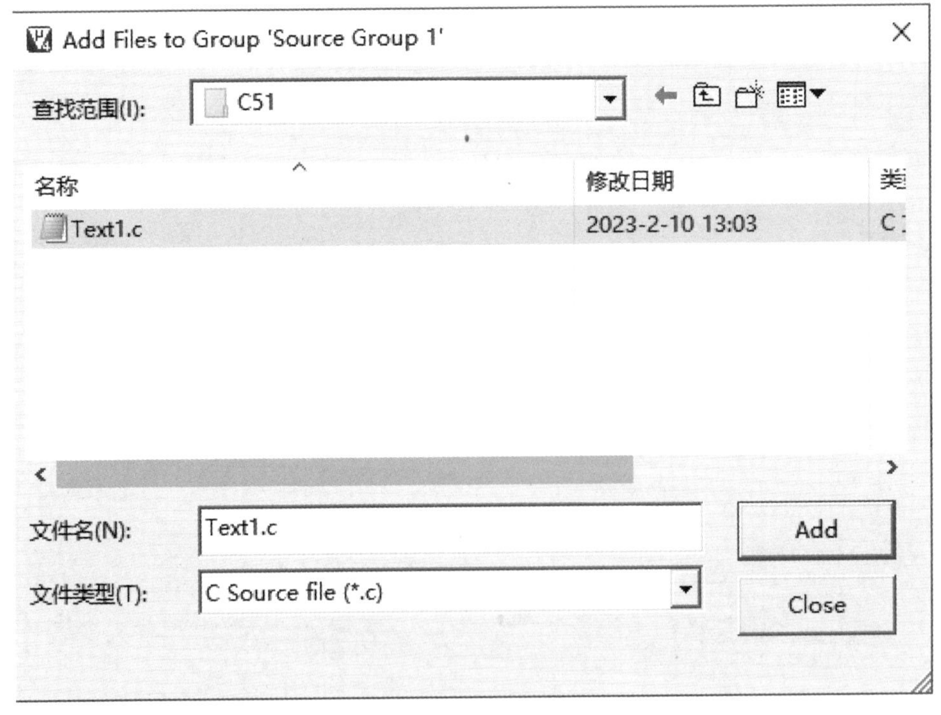

(b)

图 2.8 添加程序文件到工程文件菜单

操作界面出现如图 2.9 所示的文件编辑框。同时,在“Source Group 1”文件夹中多了一个子项“Text1.c”(子项的多少与所增加的源程序的多少相同)。

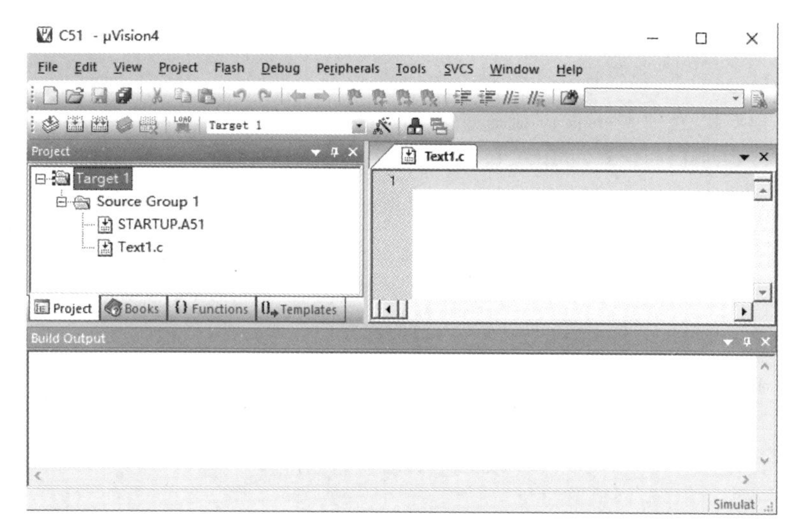

图 2.9　添加程序文件后的工程界面

(3)在光标闪烁处输入源文件。在输入程序时，可以看到事先保存待编辑的文件的好处，即 Keil 会自动识别关键字，并以不同的颜色提示用户加以注意，这样会使用户少犯错误，有利于提高编程效率。程序输入完毕后，界面如图 2.10 所示。

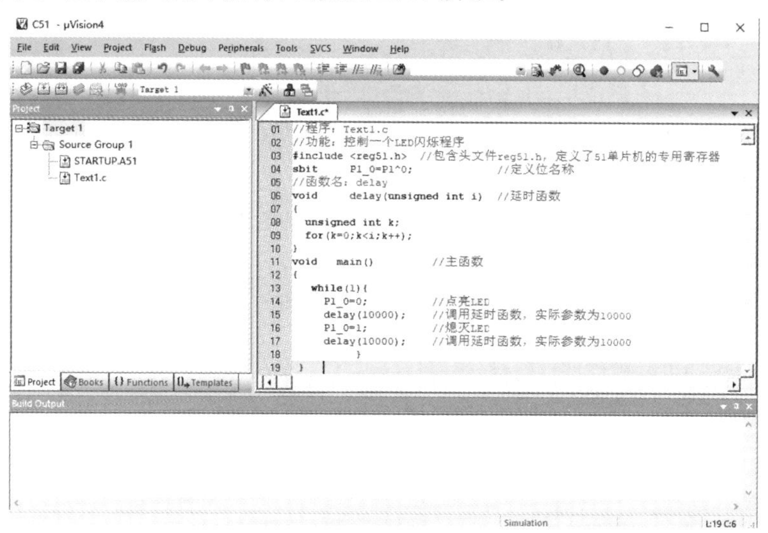

图 2.10　程序编辑界面

由于源文件就是一般的文本文件，而且 Keil 的编辑器对汉字的支持不好，所以源文件的编写不一定非要使用 Keil 软件，也可以使用其他任意文本编辑器编写。对于用其他文本编辑器编写的源文件，只需进行文件添加，其步骤如下：

1)在如图 2.8(b)所示的对话框中，查找并选择已有源文件，双击添加。

2)在文件加入项目后，该对话框并不消失，等待继续添加其他文件。如没有再添加的文件，可单击图 2.8(b)对话框中的“Close”按键返回工程文件界面。

3)单击“Source Group 1”文件夹前的“+”号，可看到所添加文件。双击该文件，即可打开源文件，出现如图 2.10 所示界面。

2.1.3 工程的详细设置

工程建立好以后，还要对工程进行进一步的设置，以满足要求。首先点击图 2.5 所示工程文件界面中左边的 Target 1，然后使用菜单“Project→Option for Target ‘Target1’”即出现对工程设置的对话框。如图 2.11 所示，其共有 11 个页面选项，大部分设置项取默认值就可以了。

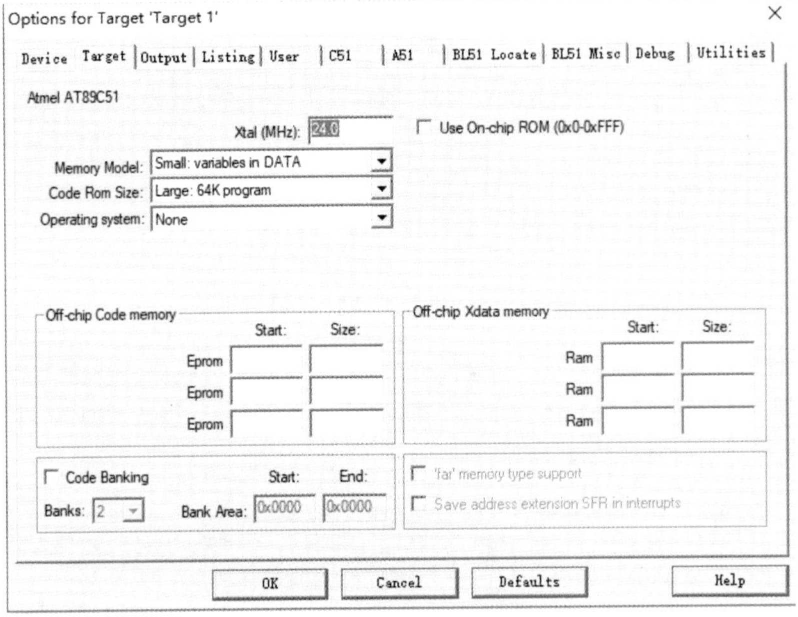

(a)

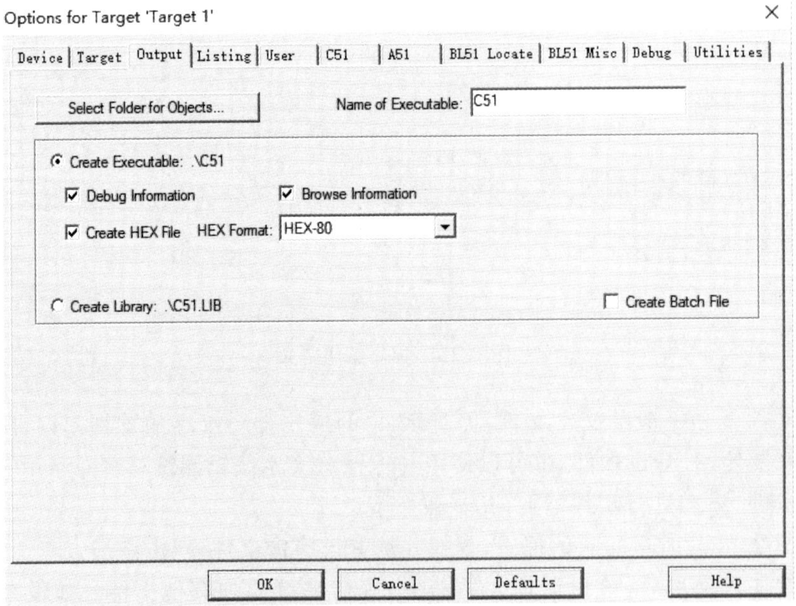

(b)

图 2.11 工程设置选项

(a)Target 页面； (b)Output 页面

1. Target 页面

如图 2.11(a)所示,"Xtal"项是对 CPU 晶振频率值进行设置,其默认值为所选目标 CPU 的最高可用频率值,例如 AT89C51 就是 24 MHz。该数值与最终产生的目标代码无关,仅用于软件模拟调试时显示程序执行时间。正确设置该数值可使显示时间与实际所用时间一致,一般将其设置成与实际硬件所用晶振频率相同。"Use On - chip ROM" 项可确认是否仅使用片内 ROM(注意:选中该项并不会影响最终生成的目标代码量)。"Memory Model"项用于设置 RAM 使用情况,其 3 个选择项分别为 Small 模式、Large 模式和 Compact 模式。Small 模式下,所有变量都在单片机的内部 RAM 中;Large 模式下,可以使用全部外部的扩展 RAM;Compact 模式下,可以使用一页外部扩展 RAM。"Code Rom Size" 项用于设置 ROM 空间,同样也有 3 个选择项,即:Small 模式,只用低于 2 KB 的程序空间;Compact 模式,单个函数的代码量不能超过 2 KB,整个程序可以使用 64 KB 程序空间;Large 模式,可用全部 64 KB 空间。"Operating system"项是操作系统选择。Keil 提供了两种操作系统:Rtx tiny 和 Rtx full,通常不使用任何操作系统,即使用该项的默认值:None(不使用任何操作系统)。"Off-chip Code memory"项组用来确定系统扩展 ROM 的地址范围,"Off-chip Xdata memory"项组用于确定系统扩展 RAM 的地址范围,这些选择项必须根据所用硬件来决定。一般未进行任何扩展时,可按默认值设置。

2. Output 页面

如图 2.11(b)所示,一般常用的" Create HEX File"项用于生成可执行代码文件(可以用编程器写入单片机芯片的 HEX 格式文件,文件的扩展名为. HEX),默认情况下该项未被选中。特别提醒注意,若涉及硬件仿真,该项就必须选中。"Debug Information"项将会产生调试信息,若需要对程序进行调试,该项应当选中。"Browse Information"是产生浏览信息,该信息可用菜单 View→Browse 来查看,这里取默认值。" Select Folder for Objects"项是用来选择最终的目标文件所在的文件夹,默认是与工程文件在同一个文件夹中。"Name of Executable"项用于指定最终生成的目标文件的名字,默认与工程的名字相同。这两项一般不需要更改。

工程设置对话框中的其他各页面与 C51 编译选项、A51 的汇编选项、BL51 连接器的连接选项等用法有关,这里均取默认值,不作任何修改。以下仅对一些有关页面中常用的选项作一个简单介绍。

3. Listing 页面

该页主要用于调整生成的列表文件选项。在汇编或编译完成后将产生 *. lst 的列表文件,在链接完成后也将产生 *. m51 的列表文件,该页用于对列表文件的内容和形式进行细致的调节。其中比较常用的选项是"C Compile Listing"下的"Assamble Code"项,选中该项可以在列表文件中生成 C 语言源程序所对应的汇编代码。

4. C51 页面

该页主要用于对 Keil 的 C51 编译器的编译过程进行控制,其中比较常用的是"Code Optimization"组。如图 2.12 所示,该组中"Level"是优化等级,C51 在对源程序进行编译时,可以对代码进行 9 级优化,默认使用第 8 级,一般不必修改。如果在编译中出现一些问题,可以降低优化级别试一试。"Emphasis"是选择编译优先方式,第一项是代码量优化(最终生成的代码量小)，第二项是速度优先(最终生成的代码速度快)，第三项是缺省。默认的是速度优先，可根据需要更改。

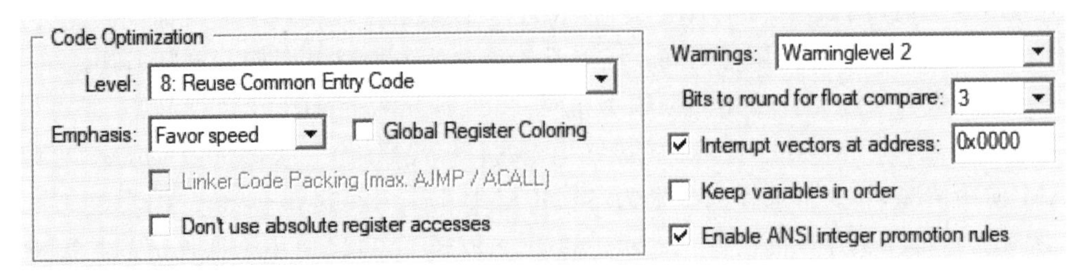

图 2.12 C51 标签页

2.1.4 程序的编译、链接和调试

(1)编译、链接。在图 2.10 中，单击“Project”菜单，在下拉菜单中选中“Built Target”选项(或者使用快捷键 F7)，进行自动编译、链接。编译、链接成功后，再单击“Project”菜单，在下拉菜单中选中 “Start/Stop Debug Session”选项(或者使用快捷键 Ctrl+F5)，出现如图 2.13 所示的编译程序界面。

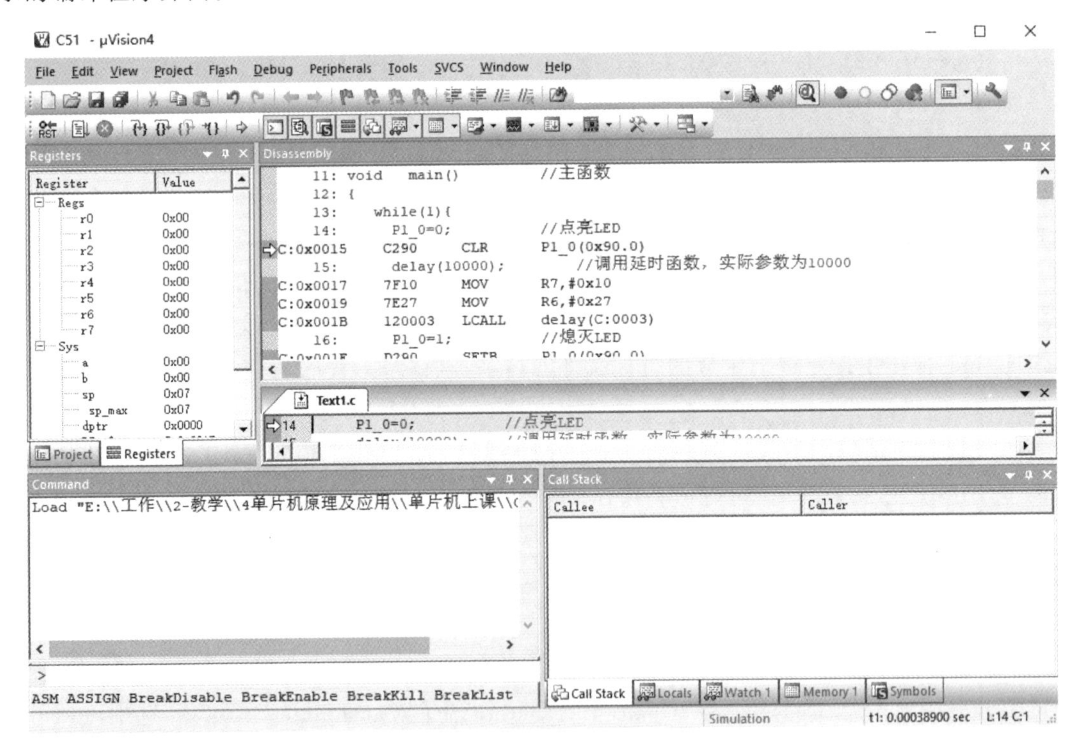

图 2.13 编译程序界面

(2)调试程序。在图 2.10 中，单击“Debug”菜单，出现下拉菜单，单击“Go”选项(或者使用快捷键 F5)，运行程序；然后，单击“Debug”菜单，在下拉菜单中单击“Stop Running”选项(或者使用快捷键 Esc)，结束运行；最后，单击“View”菜单，在下拉菜单中选中“Serial Windows ＃1”选项，观察程序运行的结果，其结果如图 2.14 所示。

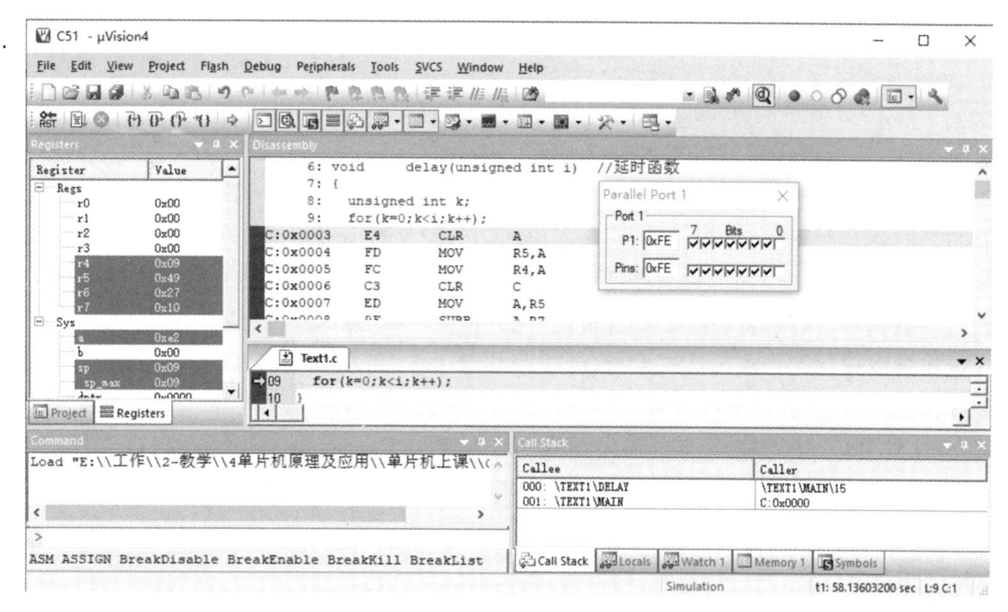

图 2.14　程序运行结果

2.1.5　程序的下载

前面已建好了一个工程项目，但这只是纯软件的仿真开发过程。该工程项目还需通过程序下载器将其装载到指定的单片机中去，方可正常使用，其具体步骤如下：

(1)单击“Project”菜单。

(2)在下拉菜单中单击“Options for Target” 选项，出现如图 2.15 所示的工程文件设置对话框。

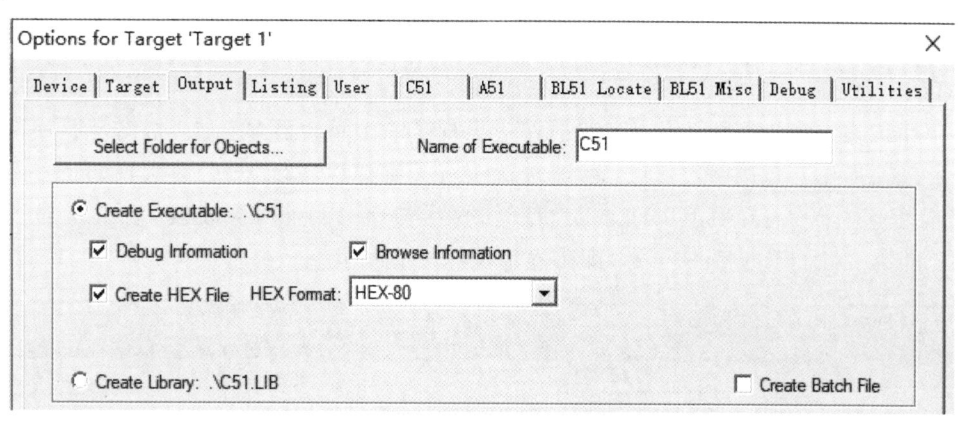

图 2.15　工程文件设置对话框

(3)单击“Output”标签，选中 “Create HEX File” 选项，使程序编译后产生 HEX 代码，供下载器软件使用。把程序下载到指定单片机中。

2.1.6　Keil 的调试命令、在线汇编与断点设置

源程序在编写过程中会出现一些错误，必须通过调试才能发现并解决。因此，调试是软件

开发中重要的一个环节。下面来介绍一些调试过程中常用的方法。

1. 常用调试命令

在对工程成功地进行汇编、链接以后，按 Ctrl＋F5 或者使用菜单 Debug→Start/Stop Debug Session 即可进入调试状态。Keil 内建了一个仿真 CPU 用来模拟执行程序，可以在没有硬件和仿真器的情况下进行程序的模拟调试（模拟调试与真实的硬件执行程序是有区别的，其中最明显的就是时序，软件模拟是不可能和真实的硬件具有相同的时序的，具体的表现就是程序执行的速度和各人使用的计算机有关，计算机性能越好，运行速度越快）。

进入调试状态后，界面与编缉状态相比有明显的变化，但 Debug 菜单项中原来不能使用的命令现在可以使用，同时工具栏会多出一个用于运行和调试的工具条，如图 2.16 所示。Debug 菜单上的大部分命令可以在此找到对应的快捷按钮，从左到右依次是复位、运行、暂停、单步、过程单步、执行完当前子程序、运行到当前行、下一状态、打开跟踪、观察跟踪、反汇编窗口、观察窗口、代码作用范围分析、1＃串行窗口、内存窗口、性能分析、工具按钮命令。

图 2.16　运行和调试的工具条

在程序调试过程中，经常会用到单步执行、全速执行和过程单步执行。所谓全速执行，是指一行程序执行完以后紧接着执行下一行程序，中间不停止。该方式下，程序执行的速度较快，可以看到该段程序执行的总体效果，即最终结果正确还是错误。但如果程序有错，则难以确认错误出现在哪里。使用菜单中的 Run、相应命令按钮或使用快捷键 F5 都可以完成程序的全速执行。所谓单步执行是指每次执行一行程序后即停止，等待命令再执行下一行程序。该方式下可以观察该行程序执行的结果，判断该行程序是否正确，借此可以找到程序中问题所在。使用菜单 STEP、相应的命令按钮或使用快捷键 F11 都可以完成单步执行程序。所谓过程单步执行是指将汇编语言中的子程序或高级语言中的函数作为一个语句来全速执行。使用菜单 STEP OVER 或功能键 F10 都可以完成过程单步执行程序。

按下 F11 键，可以看到源程序窗口的左边出现了一个黄色调试箭头，指向源程序的第一行，如图 2.17 所示。每按一次 F11 键，即执行该箭头所指程序行，然后箭头指向下一行。当箭头指向程序行为“LCALL DELAY”行时，再次按下 F11 键，会发现，箭头指向子程序 DELAY 的第一行。不断按 F11 键，即可逐步执行该子程序。

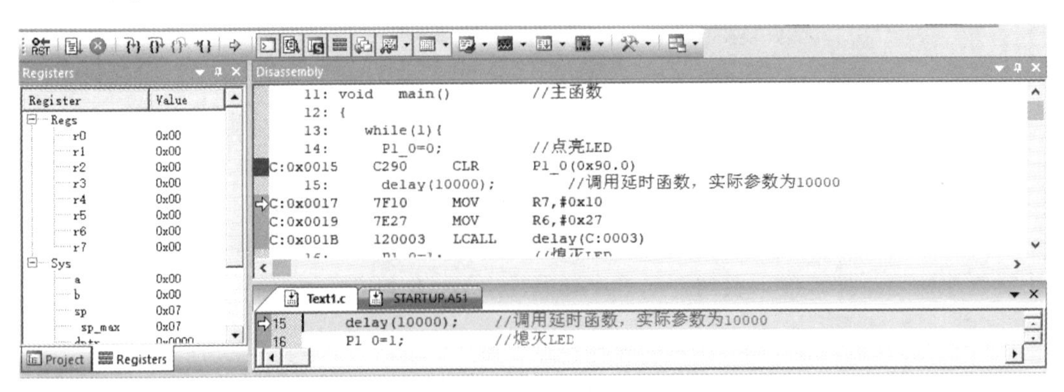

图 2.17　调试窗口

通过单步执行程序，可以找出一些问题所在，但是仅依靠单步执行来查错有时是困难的，或虽能查出错误但效率很低，为此必须辅之以其他的方法。常用的方法有：①把光标定位于指定行，利用菜单 Debug→Run to Cursor line(执行到光标所在行)，即可全速执行完黄色箭头与光标之间的程序行。②使用菜单 Debug→Step Out of Current Function(单步执行到该函数处)全速执行完调试光标所在的子程序或子函数并指向主程序中的下一行程序。③在开始调试时，按 F10 键而非 F11 键，程序也将单步执行，不同的是，执行到"LCALL DELAY"行时，按下 F10 键，调试光标不进入子程序的内部，而是全速执行完该子程序。

2. 在线汇编

在进入 Keil 的调试环境以后，如果发现程序有错，可以直接对源程序进行修改，但是要使修改后的代码起作用，必须先退出调试环境，重新进行编译、链接后再次进入调试。如果只是需要对某些程序行进行测试，或仅需对源程序进行临时的修改，可以利用 Keil 软件提供的在线汇编功能。可将光标定位于需要修改的程序行上，用菜单 Debug→Inline Assembly 即可出现如图 2.18 所示的对话框。在 Enter New Instruction 后面的编辑框内直接输入需更改的程序语句，输入完后单击回车键将自动指向下一条语句，可以继续修改。如果不再需要修改，可以点击右上角的关闭按钮关闭窗口。

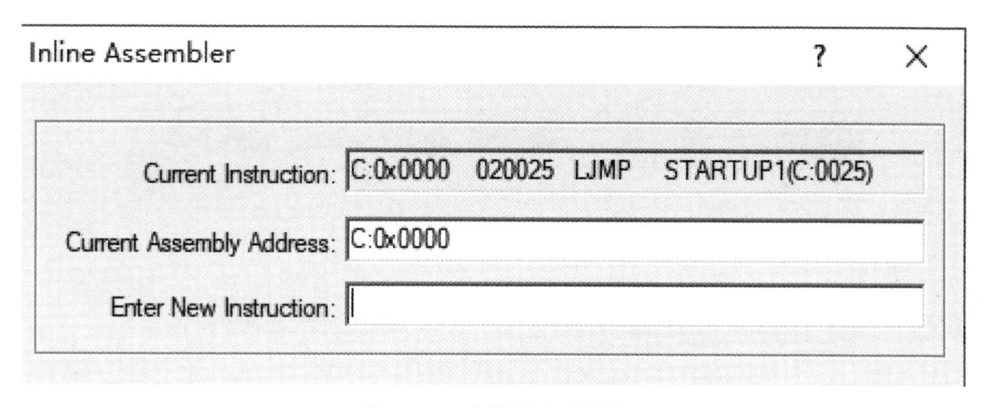

图 2.18　在线调试对话框

3. 断点设置

调试程序时，一些程序行必须满足一定的条件才能被执行到，而这些条件往往是异步发生或难以预先设定的。因此，这类问题使用前面介绍的调试方法是很难调试的，这就需要使用程序调试中的另一种非常重要的方法——断点设置。

断点设置就是在程序某一行设置断点，断点设好后可以全速运行程序，一旦执行到该程序行即停止。此方法可观察有关变量值，以确定问题所在。在程序中进行断点设置和修改可以采用以下几种方法：

(1)程序行设置/移除断点：将光标定位于需要设置断点的程序行，使用菜单 Debug→Insert/Remove Breakpoint 来设置或移除断点(也可用鼠标双击该行或按 F9 功能键)。

(2)开启或暂停光标所在行的断点功能：使用菜单 Debug→Enable/Disable Breakpoint 或按组合键 Ctrl＋F9。

(3)暂停所有断点：使用菜单 Debug→Disable All Breakpoint。

(4)清除所有设置的断点：使用菜单 Debug→Kill All Breakpoint 或按组合键 Ctrl＋Shift＋F9。

2.1.7 Keil 程序调试窗口

在程序调试过程中，Keil 还提供了各种不同用途的窗口，以便观测程序运行和调试情况。Keil 软件在调试程序时提供的窗口主要包括输出窗口（Output Window）、观察窗口（Watch & Call Stack Window）、存储器窗口（Memory Window）、反汇编窗口（Dissambly Window）、串行窗口（Serial Window）等。进入调试模式后，可以通过“View”菜单下的相应命令打开或关闭这些窗口。

图 2.19(a)(b)所示分别为观察窗口和存储窗口，各窗口的大小可以使用鼠标调整。进入程序调试状态后，输出窗口自动切换到 Command 页。该页用于输入调试命令和输出调试信息。

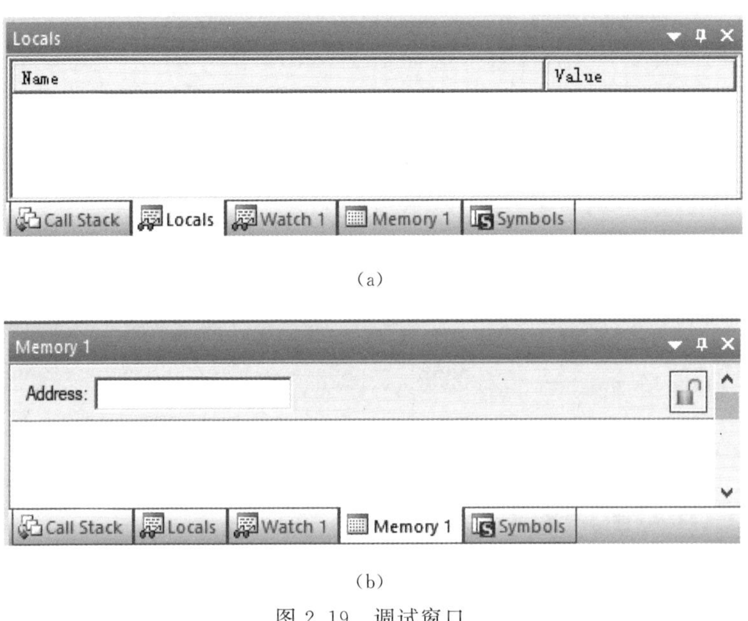

(a)

(b)

图 2.19 调试窗口

(a)观察窗口；(b)存储窗口

存储窗口中可以显示系统中各种内存中的值，通过在 Address 后的编辑框内输入“字母：数字”即可显示相应内存值，其中字母可以是 C，D，I，X，分别代表代码存储空间、直接寻址的片内存储空间、间接寻址的片内存储空间、扩展的外部 RAM 空间，数字代表要查看的地址。例如输入 D:0 即可观察到地址 0 开始的片内 RAM 单元中的值，键入 C:0 即可显示从 0 开始的 ROM 单元中的值，即查看程序的二进制代码。该窗口的显示值可以以各种形式显示，如十进制、十六进制、字符形式等，改变显示方式的方法是点鼠标右键，在弹出的快捷菜单中选择，如图 2.20 所示。该菜单用分隔条分成 4 部分，其中第一部分与第二部分的 3 个选项为同一级别。选中第一部分的任意选项，内容将以整数形式显示。其中，Decimal 项是一个开关，如果选中该项，则窗口中的值将以十进制的形式显示，否则按默认的十六进制方式显示；Unsigned 和 Signed 分别代表无符号形式和有符号形式，其后分别有 3 个选项：Char，Int，Long，分别代表以单字节方式显示、将相邻双字节组成整型数方式显示、将相邻 4 字节组成长整型数方式显示。有关数据格式与 C 语言规定相同。第二部分的 Ascii 项则将以字符形式显示，选中 Float

项将相邻 4 字节组成的数以浮点形式显示，选中 Double 项则将相邻 8 字节组成的数以双精度形式显示。第三部分的 Modify Memory at X：xx 用于更改鼠标处的内存单元值，选中该项即出现如图 2.21 所示的对话框，可以在该对话框内输入要修改的内容。

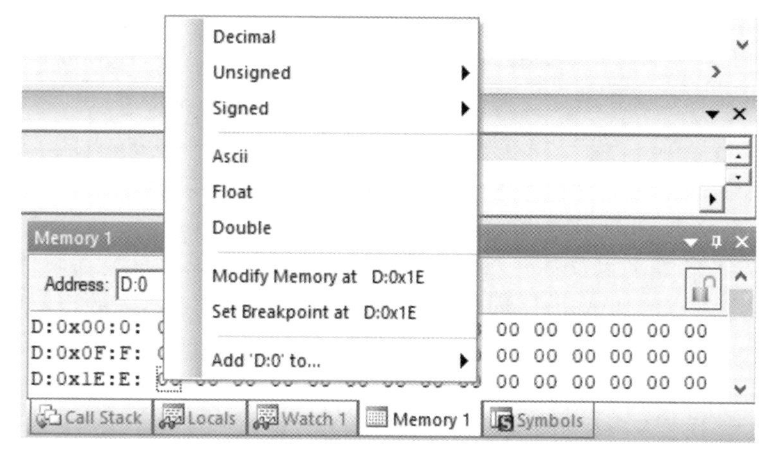

图 2.20　显示方式更改菜单

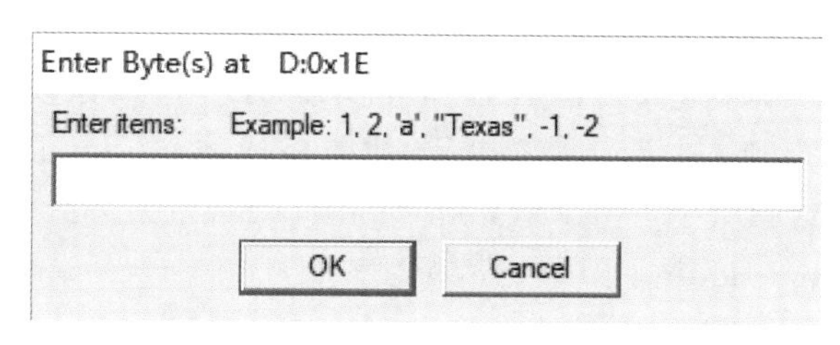

图 2.21　内存单元值更改对话框

图 2.22 所示为工程窗口寄存器页，其包括当前的工作寄存器组和系统寄存器。每当程序执行到对某寄存器的操作时，该寄存器会以反色(蓝底白字)显示，用鼠标单击，然后按下 F2 键，即可修改该值。但工程窗口中仅可以观察到工作寄存器和给定的几种寄存器，如果需要观察其他寄存器值或在高级语言编程时需要直接观察变量，就要借助于观察窗口。

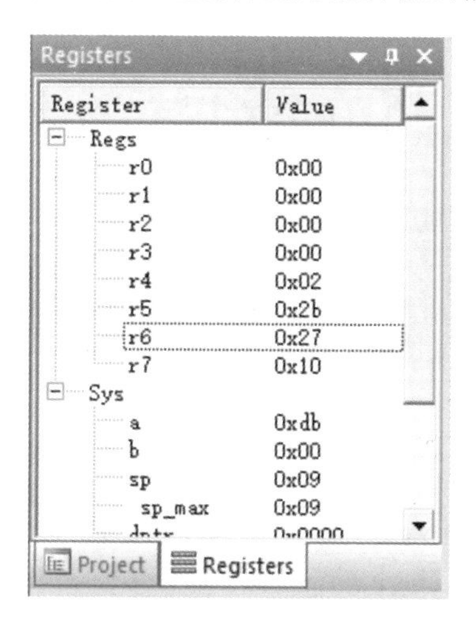

图 2.22　工程窗口寄存器页

2.2 硬件开发工具 Proteus

Proteus 是英国 Labcenter 公司开发的电路分析与实物仿真软件。它运行于 Windows 操作系统上，可以仿真、分析(SPICE)各种模拟器件和集成电路。该软件的特点：①实现了单片机仿真和 SPICE 电路仿真相结合。具有模拟电路仿真，数字电路仿真，单片机及其外围电路组成的系统的仿真，RS232 动态仿真，I2C 调试器、SPI 调试器、键盘和 LCD 系统仿真等功能；提供各种虚拟仪器，如示波器、逻辑分析仪、信号发生器等。②支持主流单片机系统的仿真。目前支持的单片机类型：68000 系列、8051 系列、AVR 系列、PIC12 系列、PIC16 系列、PIC18 系列、Z80 系列、HC11 系列以及各种外围芯片。③提供软件调试功能。在硬件仿真系统中具有全速、单步、设置断点等调试功能，同时可以观察各个变量、寄存器等的当前状态，因此在该软件仿真系统中，也必须具有这些功能；同时支持第三方的软件编译和调试环境。④具有强大的原理图绘制功能。总之，该软件是一款集单片机和 SPICE 分析于一身的仿真软件，功能极其强大。本节介绍 Proteus 软件的工作环境和一些基本操作。

2.2.1 Proteus 介绍

Proteus 是一个基于 ProSPICE 混合模型仿真器的嵌入式系统硬件设计仿真软件。Proteus 软件由两部分组成：一部分是智能原理图输入系统(Intelligent Schematic Input System，ISIS)和虚拟系统模型(Virtual System Model，VSM)；另一部分是高级布线及编辑软件(Advanced Routing and Editing Software，ARES)。

1. *启动*

双击桌面上的 ISIS 7 Professional 图标或者单击屏幕左下方的“开始”→“程序”→“Proteus 7 Professional”→“ISIS7 Professional”，出现如图 2.23 所示屏幕，表明进入 Proteus ISIS 集成环境。

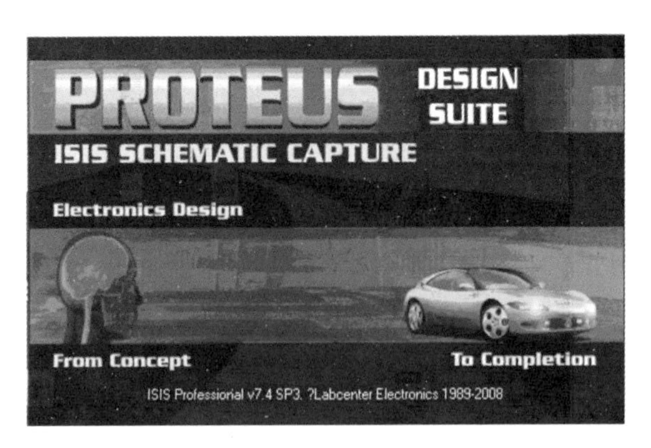

图 2.23 Proteus 启动界面

2. Proteus VSM *的仿真*

Proteus 可提供超过 8 000 种模拟、数字元器件构成的 30 多种元件库，且对于元器件库中没有的元件，设计者也可以通过软件自己创建。除此之外，Proteus 软件还支持电路的虚拟仿真模式 VSM，其提供了各种虚拟仪器，如常用的虚拟示波器、信号发生器、交直流电流表和电压表、SPI 调试器、虚拟终端等。Proteus VSM 提供两种不同的仿真方式，即：①用于实时直观地反映电路的仿真结果的交互式仿真；②基于图表的仿真，其支持图形化的分析功能。

由于本书主要使用 Proteus 软件在单片机方面的仿真功能，所以重点介绍该软件的第一部分。

2.2.2　Proteus 的基本操作

运行 Proteus 的 ISIS，进入仿真软件的主界面，如图 2.24 所示。主界面分为菜单栏、工具栏、编辑窗口、预览窗口、元件列表区、仿真按钮等。

图 2.24　主界面

1. 主要窗口及按钮功能

(1)编辑窗口。在编辑窗口内可完成电路原理图的编辑和绘制。为了方便作图，ISIS 中坐标系统的基本单位是 10nm，坐标原点默认在图形编辑区的中间，图形的坐标值能够显示在屏幕的右下角的状态栏中。

1)点状栅格(The Dot Grid)与捕捉到栅格(Snapping to a Grid)。编辑窗口内有点状的栅格，可以通过“View”菜单的 Grid 命令在打开和关闭之间切换。点与点之间的间距由当前捕捉的设置决定。捕捉的尺度可以由“View”菜单的 Snap 命令设置，或者直接使用快捷键 F4，F3，F2 和 Ctrl＋F1，如图 2.25 所示。若按下 F3 或者通过“View”菜单选中 Snap 100th，则当鼠标在图形编辑窗口内移动时，坐标值以固定的步长100th变化，这称为捕捉。当想要确切地看到捕捉位置时，可以使用"View"菜单的X Cursor命令，选中后将会在捕捉点显示一个小的或大的交叉十字。

2)实时捕捉(Real Time Snap)。当鼠标指针指向管脚末端或者导线时，鼠标指针将会捕捉到这些物体，这种功能被称为实时捕捉。该功能可以方便地实现导线和管脚的连接，也可以通过"Tools"菜单的Real Time Snap命令或者是快捷键Ctrl+S切换该功能。

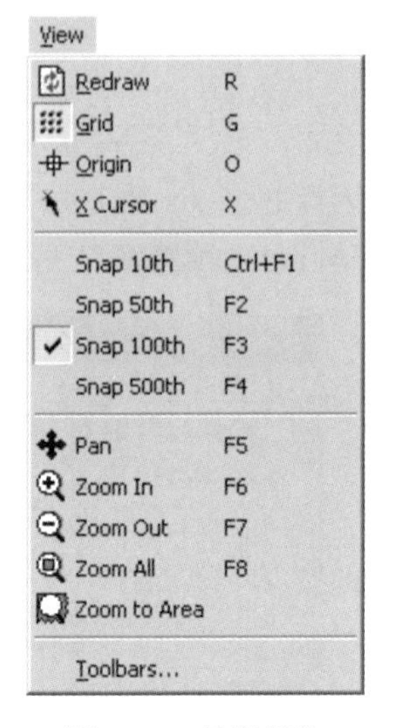

图2.25　捕捉栅格

3)显示内容刷新。可以通过"View"菜单的Redraw命令来刷新显示内容，同时预览窗口中的内容也将被刷新。当执行其他命令导致显示错乱时可以使用该功能恢复显示。

4)视图的缩放与移动。可以通过如下几种方式实现视图的缩放与移动：

· 用鼠标左键点击预览窗口中想要显示的位置，这将使编辑窗口显示以鼠标点击处为中心的内容。

· 在编辑窗口内移动鼠标，按下Shift键，用鼠标"撞击"边框，这会使显示平移。我们把这称为Shift-Pan。

· 用鼠标指向编辑窗口并按缩放键或者操作鼠标的滚动键，会以鼠标指针位置为中心重新显示。

(2)预览窗口。该窗口通常显示整个电路图的缩略图。在预览窗口上点击鼠标左键，将会有一个矩形蓝绿色框标示出在编辑窗口中的显示区域。其他情况下，预览窗口显示将要放置的对象的预览。这种位置预览特性在下列情况下被激活：

1)当一个对象在选择器中被选中时。

2)当使用旋转或镜像按钮时。

3)当为一个可以设定朝向的对象选择类型图标(例如：Component icon，Device Pin icon，等等)时。

4)当放置对象或者执行其他非以上操作时，位置预览会自动消除。

5)对象选择器(Object Selector)根据由图标决定的当前状态显示不同的内容。显示对象的类型包括设备、终端、管脚、图形符号、标注和图形。

6)在某些状态下，对象选择器有一个Pick切换按钮，点击该按钮可以弹出库元件选取窗体。通过该窗体可以选择元件并置入对象选择器，在今后绘图时使用。

(3)P按钮。通过元件挑选P(从库中选择元件)按钮(见图2.24)，在Pick Devices窗口中选择系统所需元器件，还可以选择元件的类别、生产厂家等。通过P按钮，从元件库中选择对象，并置入对象选择器窗口，供今后绘图时使用。显示对象的类型包括设备、终端、管脚、图形符号、标注和图形。

2. 图形编辑的基本操作

(1)对象放置(Object Placement)。放置对象的步骤如下：

1)根据对象的类别在工具箱选择相应模式的图标(mode icon)。

2)根据对象的具体类型选择子模式图标(sub-mode icon)。

3)对象类型是元件、端点、管脚、图形、符号或标记，从选择器(selector)里选择所需对象的名字。对于元件、端点、管脚和符号，可能首先需要从库中调出。

4)若对象是有方向的，将会在预览窗口显示出来，可以通过预览对象方位按钮对对象进行调整。

5)指向编辑窗口并点击鼠标左键放置对象。

(2)选中对象(Tagging an Object)。用鼠标指向对象并点击右键可以选中该对象。该操作选中对象并使其高亮显示，然后可以进行编辑。选中对象时该对象上的所有连线同时被选中。要选中一组对象，可以使用依次在每个对象右击的方式，也可以使用右键拖出一个选择框的方式，但后者只有完全位于选择框内的对象才可以被选中。在空白处点击鼠标右键可以取消所有对象的选择。

(3)删除对象(Deleting an Object)。用鼠标指向选中的对象并点击右键可以删除该对象，同时删除该对象的所有连线。

(4)拖动对象(Dragging an Object)。用鼠标指向选中的对象并用左键拖曳可以拖动该对象。该方式不仅对整个对象有效，而且对对象中单独的标签也有效。如果 Wire Auto Router 功能被使能，被拖动对象上所有的连线将会重新排布。这将花费一定的时间(10 s 左右)，尤其在对象有很多连线的情况下，这时鼠标指针将显示为一个沙漏。如果误拖动一个对象，可以使用 Undo 命令撤消操作恢复原来的状态。

(5)拖动对象标签(Dragging an Object Label)。许多类型的对象有一个或多个属性标签附着。例如，每个元件有一个“reference”标签和一个“value”标签。可以很容易地移动这些标签使电路图看起来更美观。

移动标签的步骤如下：

1)选中对象。

2)用鼠标指向标签，按下鼠标左键。

3)拖动标签到需要的位置。如果想要定位得更精确，可以在拖动时改变捕捉的精度(使用 F4，F3，F2，Ctrl＋F1 键)。

4)释放鼠标。

(6)调整对象大小(Resizing an Object)。子电路(Sub－circuits)、图表、线、框和圆等可以调整大小。当选中这些对象时，对象周围会出现黑色小方块“手柄”，可以通过拖动这些“手柄”来调整对象的大小。调整对象大小的步骤如下：

1)选中对象。

2)如果对象可以调整大小，对象周围会出现黑色小方块“手柄”。

3)用鼠标左键拖动这些“手柄”到新的位置，可以改变对象的大小。在拖动的过程中手柄会消失，以便不和对象的显示混叠。

(7)调整对象的朝向(Reorienting an Object)。许多类型的对象可以调整朝向为 0°，90°，270°，360°或通过 x 轴、y 轴镜像。该类型对象被选中后，“Rotation and Mirror”图标会从蓝色变为红色，然后就可以改变对象的朝向。调整对象朝向的步骤如下：

1)选中对象。

2)用鼠标左键点击 Rotation 图标可以使对象逆时针旋转，用鼠标右键点击 Rotation 图标可以使对象顺时针旋转。

3)用鼠标左键点击 Mirror 图标可以使对象按 x 轴镜像,用鼠标右键点击 Mirror 图标可以使对象按 y 轴镜像。

(8)编辑对象(Editing an Object)。许多对象具有图形或文本属性,这些属性可以通过一个对话框进行编辑,这是一种很常见的操作,有多种实现方式。

编辑单个对象的步骤如下:

1)选中对象。

2)用鼠标左键点击对象。

连续编辑多个对象的步骤如下:

1)选择 Main Mode 图标,再选择 Instant Edit 图标。

2)依次用鼠标左键点击各个对象。

以特定的编辑模式编辑对象的步骤如下:

1)指向对象。

2)按快捷键 Ctrl+E。

对于文本脚本来说,这将启动外部的文本编辑器。如果鼠标没有指向任何对象,该命令将对当前的图形进行编辑。

3. 编辑元件

(1)通过元件的名称编辑元件(To edit a component by Name)。其步骤如下:

1)键入"E"。

2)在弹出的对话框中输入元件的名称(part ID)。

3)确定后将会弹出该项目中任何元件的编辑对话框,并非只限于当前的元件。编辑完后,画面将会以该元件为中心重新显示,同时可以通过该方式来定位一个元件。

(2)编辑对象标签(Editing an Object Label)。

元件、端点、线和总线标签都可以像元件一样编辑。

编辑单个对象标签的步骤如下:

1)选中对象标签。

2)用鼠标左键点击对象。

连续编辑多个对象标签的步骤如下:

1)选择 Main Mode 图标,再选择 Instant Edit 图标。

2)依次用鼠标左键点击各个标签。

(3)拷贝所有选中的对象(Copying all Tagged Objects)。拷贝一整块电路的步骤如下:

1)选中需要的对象,具体的方式参照上文的 Tagging an Object 部分。

2)用鼠标左键点击 Copy 图标。

3)把对象的轮廓拖到需要的位置,点击鼠标左键放置对象。

4)重复步骤 3)放置多个对象。

5)点击鼠标右键结束。

一组元件被拷贝后,它们的标注自动重置为随机态,用来为下一步的自动标注做准备,防止出现重复的元件标注。

(4)移动所有选中的对象(Moving all Tagged Objects)。移动一组对象的步骤如下:

1)选中需要的对象,具体的方式参照上文的 Tagging an Object 部分。

2)把对象的轮廓拖到需要的位置,点击鼠标左键放置。

可以使用块移动的方式来移动一组导线,而不移动任何对象。

(5)删除所有选中的对象(Deleting all Tagged Objects)。删除一组对象的步骤如下:

1)选中需要的对象,具体的方式参照上文的 Tagging an Object 部分。

2)用鼠标左键点击 Delete 图标。

如果错误删除了对象,可以使用 Undo 命令来恢复原状。

4. 对象的添加和编辑

(1)对象的添加。点击工具箱中的元器件按钮,使其被选中,再点击 ISIS 对象选择器左边中间的 P 按钮,出现“Pick Devices” 对话框,如图 2.26 所示。

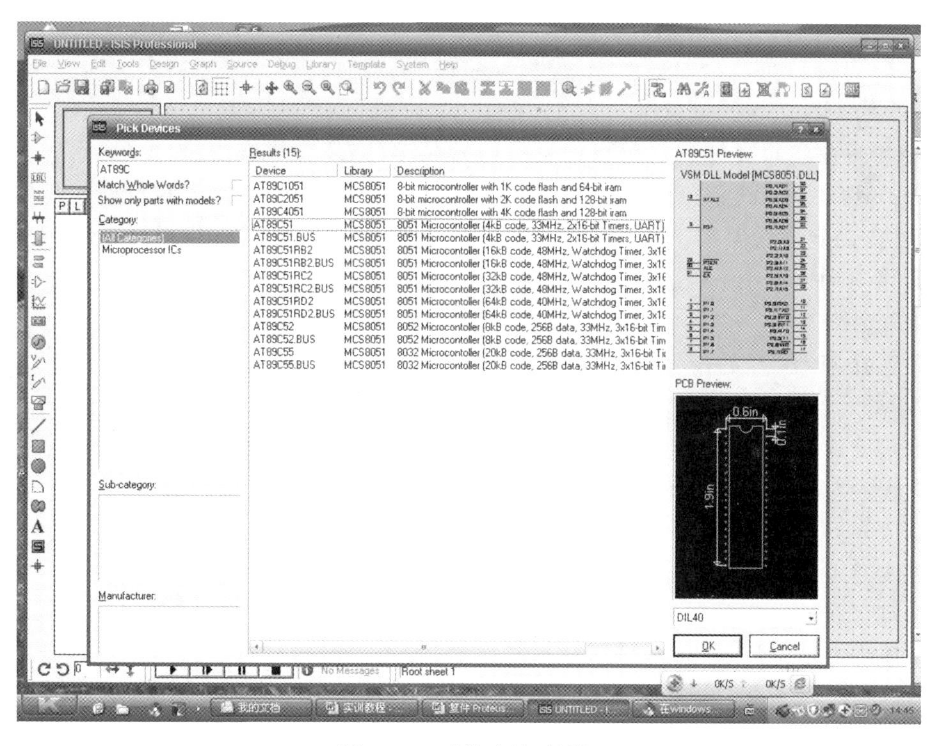

图 2.26　元件选择对话框

在该对话框里可以选择元器件。下面以添加单片机 AT89C51 为例来说明怎样把元器件添加到编辑窗口。

在“Category(器件种类)”下面,可找到“Microprocessor ICs”选项,鼠标左键点击一下,在对话框的右侧出现大量常见的单片机代号。

双击“AT89C51”,左边的对象选择器中就出现了 AT89C51 元件。点击该元件,然后把鼠标指针移到右边的原理图编辑区的适当位置,点击鼠标左键,可将 AT89C51 放到原理图区。

在 ISIS 中器件的 V_{CC} 和 GND 引脚被隐藏,故在使用的时候可以不用加电源和接地。如果需要添加电源和地,可以点击工具箱的接线端按钮,对象选择器上将会出现一些接线端。在器件选择器里点击 GROUND,鼠标移到原理图编辑区,左键点击一下即可放置接地符号;同理,也可以把电源符号 POWER 放到原理图编辑区。

(2)对象的编辑。调整对象的位置和放置方向,以及改变元器件的属性等,有选中、删除、拖动等基本操作，如前所述，方法很简单，不再详细说明。其他操作还有：

1)拖动标签：许多类型的对象有一个或多个属性标签附着，可以很容易地移动这些标签使电路图看起来更美观。移动标签的步骤如下：首先点击右键选中对象，然后用鼠标指向标签，按下鼠标左键，拖动标签到需要的位置，释放鼠标即可。

2)对象的旋转：许多类型的对象可以调整旋转为0°，90°，270°，360°或通过 x 轴、y 轴镜像旋转。该类型对象被选中后，"旋转工具按钮"图标会从蓝色变为红色，然后就可以改变对象的放置方向。旋转的具体方法是：首先点击右键选中对象，然后根据要求用鼠标左键点击旋转工具的4个按钮，如图2.27所示。

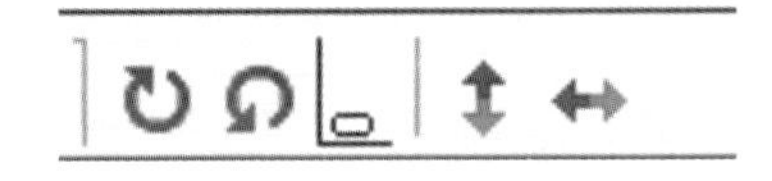

图2.27 旋转工具按钮

5. 原理图导线的绘制

(1)画导线。Proteus ISIS 中的线路自动路径器(WAR)提供两个连接点间连线的自动检测功能，可自动定出线路径。元件和终端的管脚末端都有连接点，分别单击选中两个连接点后，WAR 将自动选择一个合适的线径连线。该功能默认是打开的，但可通过使用工具菜单里的 WAR 命令来关闭。也可将鼠标的指针靠近一个对象的连接点，鼠标的指针就会出现一个"×"号；左键点击元器件的连接点，移动鼠标(不用一直按着左键)，接近另一个连接点，同时屏幕上出现粉红色的连线；左击确定，粉红色的连接线变成了深绿色连线。

若要改变走线路径，只需在想要拐点处点击鼠标左键即可。在此过程的任何时刻，都可以按 Esc 或者点击鼠标右键来放弃画线。

(2)画总线。为了简化原理图，可以用一条导线代表数条并行的导线，这就是所谓的总线。点击工具箱的总线按钮，即可在编辑窗口画总线。

(3)画总线分支线。总线分支线是用来连接总线和元器件管脚的，点击工具栏中的相应按钮即可开始绘制。为了和一般的导线区分，一般用斜线来表示分支线，并用名称区分开来，同时需关闭 WAR 功能。分支线的命名，需先右击分支线选中，然后左击选中的分支线就会出现分支线编辑对话框，最后在对话框中为分支线命名。

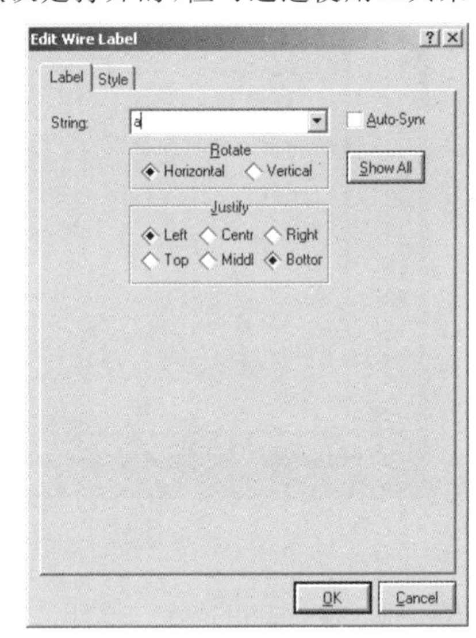

图2.28 网络标号属性对话框

总线分支线的同端是连接在一起的，放置方法是用鼠标单击连线工具条中图标或者执行 Place/Net Label 菜单命令，这时光标变成十字形并且将有一虚线框在工作区内移动，再按一下键盘上的 Tab 键，系统弹出网络标号属性对话框(见图2.28)，在 String 项定义网络标号比如 a，单击"OK"按钮，将设置好的网络标号放在第(1)步放置的短导线上(注意一定是上面)，单击鼠标左键即可将之定位。

放置总线将各总线分支连接起来，方法是单击放置工具条中图标或执行 Place/Bus 菜单命令，这时工作平面上将出现十字光标，将十字光标移至要连接的总线分支处单击鼠标左键，系统弹出十字光标并拖着一条较粗的线，然后将十字光标移至另一个总线分支处，单击鼠标的左键，一条总线就画好了。当电路中多根数据线、地址线、控制线并行时可使用总线设计。

2.2.3　Proteus 仿真过程

1. 软件的编写

软件的编写可以在 Keil C51，Wave 等环境下进行，程序可以采用汇编语言或 C 语言。编写完成后进行编译生成 *. hex 可执行文件。该软件也有自带编译器的，有 ASM 的、PIC 的、AVR 的汇编器等。

2. 程序的添加

在 ISIS 添加上编写好的程序，其方法如下：

(1)点击菜单栏中的“Source”，在下拉菜单中点击“Add/Remove Source Files(添加或删除源程序)”，出现一个对话框，如图 2.29 所示。

(2)点击对话框中的“NEW”按钮，在出现的对话框里找到设计好的文件(如：huayang. asm)，点击打开。

(3)在“Code Generation Tool”的下面找到“ASEM51”，然后点击“OK” 按钮。

(4)点击菜单栏中的“Source”，在下拉菜单中点击“Build All”，编译结果的对话框会出现。如果有错误，对话框会提示哪一行有问题。

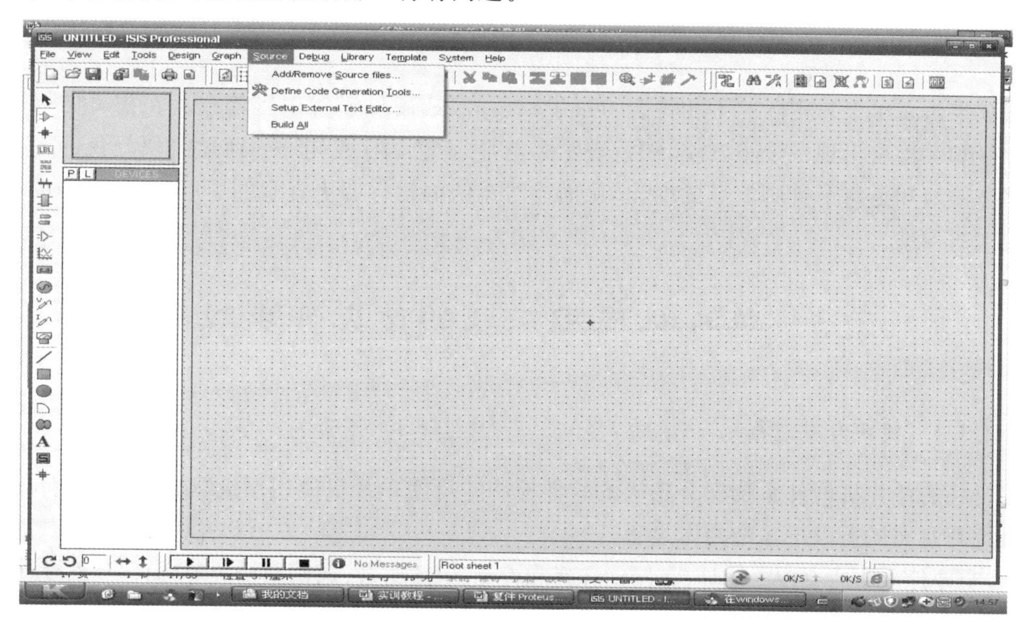

图 2.29　添加或删除源程序对话框

2.2.4　硬件仿真

电路连接完成后，选中 AT89C51，单击鼠标左键，打开“Edit Component”对话框，如图 2.30 所示。直接在“Clock Frequency”后的文本框中进行频率设定(如设定单片机的时钟频率为 12 MHz)；在“Program File”栏中选择已经生成的. hex 文件(如 data. hex)，把编写的程序导入 Proteus，然后单击“OK”按钮保存；单击运行按钮，就可以进行单片机的仿真。

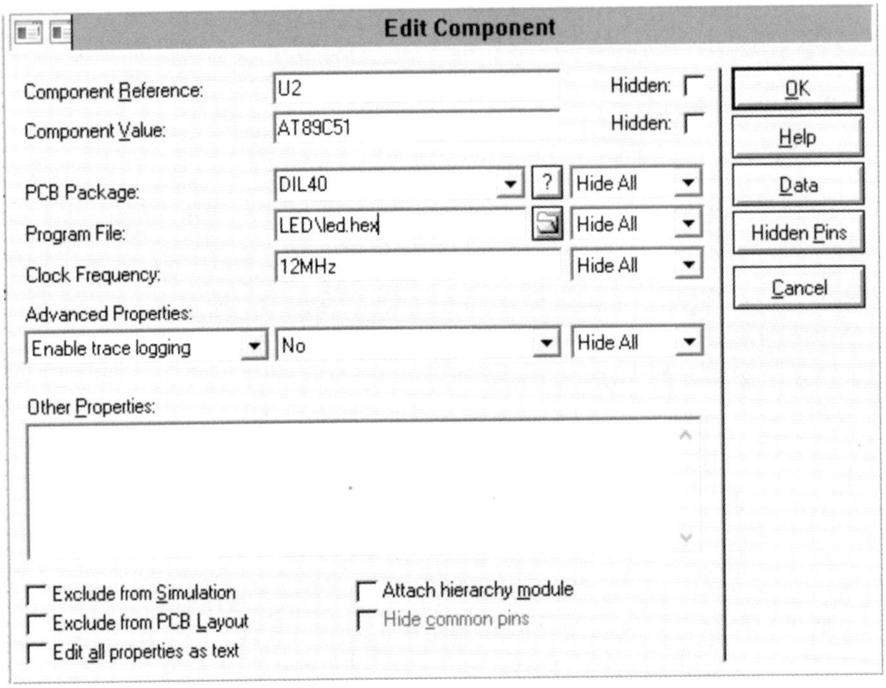

图 2.30 “Edit Component”对话框

如果仿真结果与实际的不相符合，可以检查程序或硬件连接进行修改。在仿真的过程中每个管脚旁边会出现一个小方块，红色表示高电平，蓝色表示低电平。通过方块颜色的变化可以很方便地知道每个管脚电平的变化，从而能对系统的运行有更直观的了解，这对程序的调试有很大的帮助。

2.3 单片机应用系统的仿真开发过程

2.3.1 传统开发过程

良好的单片机硬件系统配合正确的软件控制才可使单片机应用系统具有实际功能。传统的系统开发要经历以下 3 个基本过程。

(1)硬件电路的原理图设计、元器件选择和检测、电路组装、调试及排故等(简称硬件设计)。

(2)软件程序设计编写、汇编编译、调试等(简称软件设计)。

(3)系统软件和硬件联合实际运行、检测等(简称软硬件联调)。

这种传统的开发过程，其实施条件要求高，开发时耗较长，成本较高。因此，在目前的单片机应用系统的开发上广泛引入了大量优秀仿真软件，以解决此问题。

2.3.2 基于 Keil 或 Proteus 的单片机应用系统的仿真开发过程

Keil 具有良好的程序设计界面和编辑、编译、调试功能，同时支持 C51、汇编等多种编程语言;Proteus是一款集单片机和SPICE分析于一身的仿真软件,具有强大的单片机系统设计与仿真功能。两者结合可以作为单片机应用系统开发的一种新型手段。

单片机应用系统的设计与仿真流程如图2.31所示。

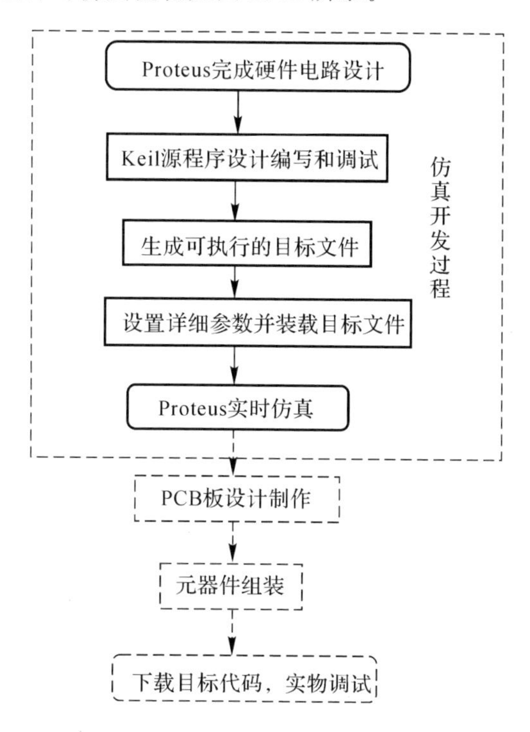

图2.31 单片机应用系统的设计与仿真流程图

2.3.3 实例—— 程控循环灯的设计与仿真

1. 任务和要求

利用AT89C51完成8路彩灯的循环控制。要求:当按下功能键K0时,8个LED(发光二极管)轮流点亮;当按下功能键K1时,8个LED开花点亮。

2. 分析任务,确定方案

(1)用8个LED模拟8路彩灯。

(2)用2个按键开关分别模拟功能键K0和K1。

(3)选择AT89C51单片机为控制核心。

(4)软件完成功能键的识别和彩灯的控制。

3. 基于Proteus ISIS的硬件电路图设计

电路的核心是AT89C51单片机,单片机的P1口接8个LED,LED的负极接到地。按键K0,K1接到单片机的P3.2,P3.3脚,另一端接地。如图2.32所示,系统硬件电路图可在Proteus主界面的编辑窗口下绘制。

(1)所需元器件的选择和放置。单击对象选择器按钮P,如图2.33(a)所示。弹出“Pick Devices”界面,在“Keywords”输入AT89C51,系统在对象库中进行搜索查找,并将搜索结果显示在“Results”中,如图2.33(b)所示。在“Results”栏中的列表项中,双击“AT89C51”,即可将“AT89C51”添加至对象选择器窗口。

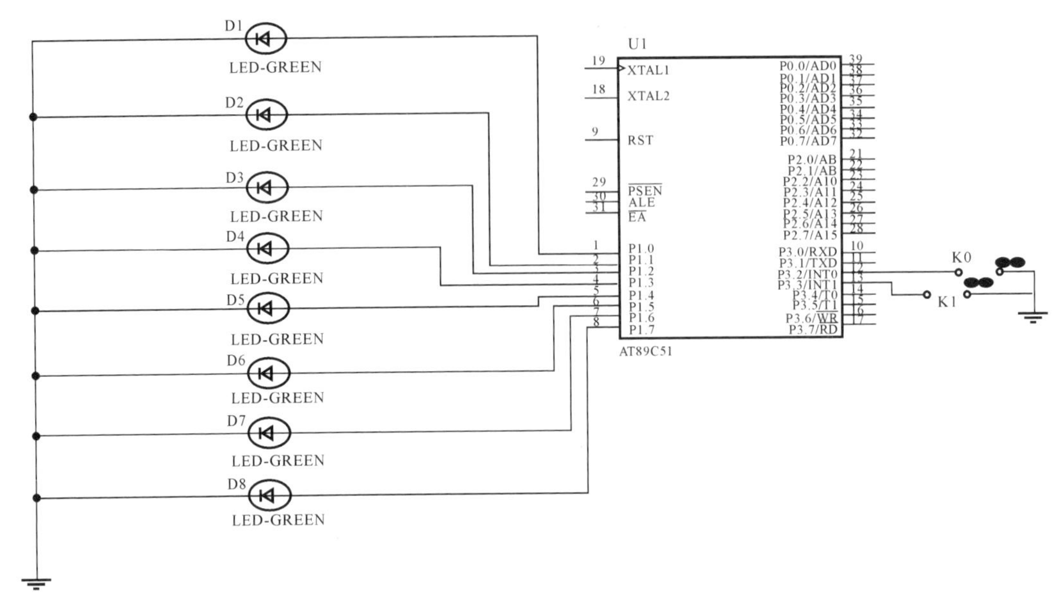

图 2.32　程控循环灯硬件电路

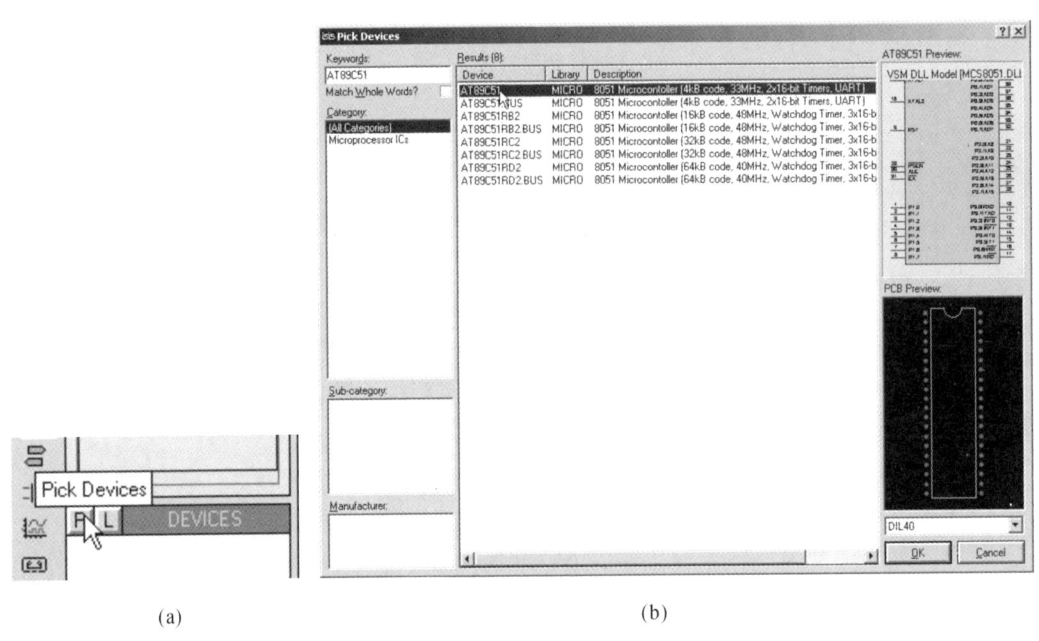

(a)　　　　　　　　　　(b)

图　2.33

(a)对象选择器按钮 P；（b)搜索结果

接着在“Keywords”栏中重新输入 LED，如图 2.34 所示。双击“LED-GREEN”，则可将绿色的 LED 添加到对象选择器窗口。用同样的方法可以搜索出“SWITCH”，选择后即可将“SWITCH” 添加到对象选择器窗口。

经过以上操作，在对象选择器窗口中，已有了 LED - GREEN，AT89C51，SWITCH 3 个元器件对象。若单击 AT89C51，则在预览窗口中可以看见 AT89C51 实物图，如图 2.35 所示；若单击 LED - GREEN 或 SWITCH，则在预览窗口中可以看见 LED - GREEN 和 SWITCH 实物图。

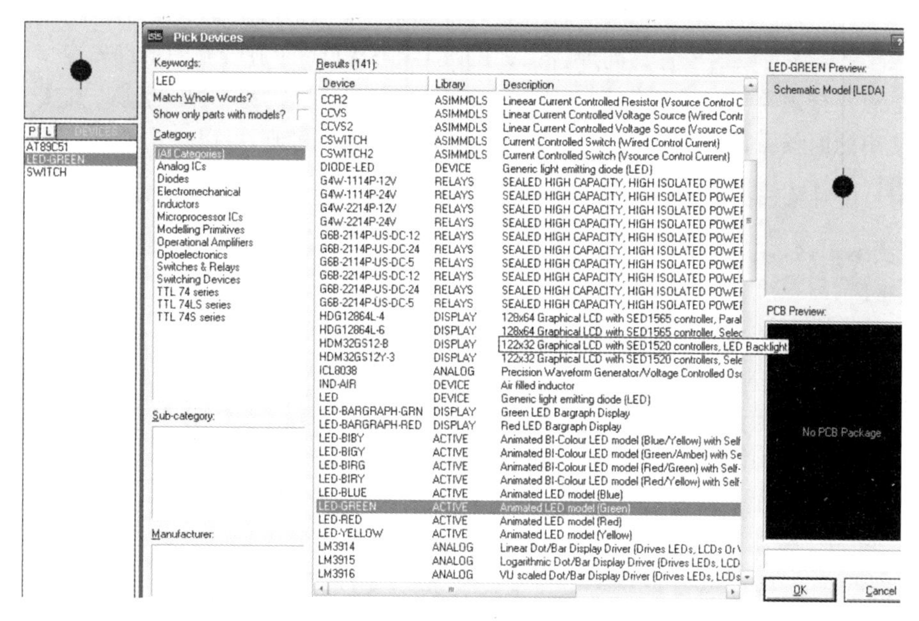

图 2.34　LED 选择

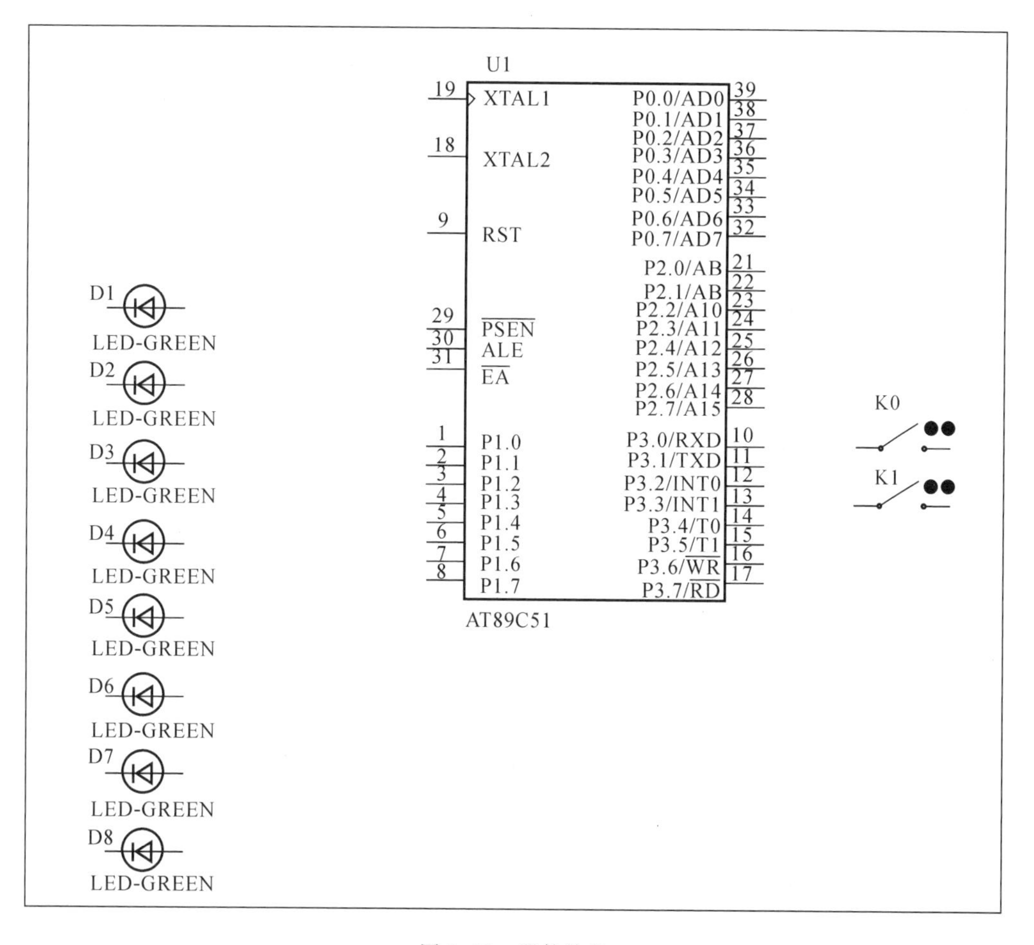

图 2.35　器件放置

在对象选择器窗口中，选中 LED－GREEN，将鼠标置于图形编辑窗口该对象的欲放位置，单击鼠标右键，完成该对象的放置。同理，将 AT89C51 和 SWITCH 放置到图形编辑窗口中。

(2)电源及接地符号的放置。Proteus 许多器件上没有 V_{CC} 和 GND 引脚，其实它们被隐藏了，在使用的时候可以不用加电源和地。如果需要加电源和地，可以点击左侧工具箱的接线端按钮，在对象选择器中将出现一些接线端，如图 2.36 所示。单击 GROUND 并将鼠标移到原理图编辑区，左键点击一下即可放置接地符号；同理也可以把电源符号 POWER 放到原理图编辑区。

(3)元器件之间连线的绘制。例如，将 D1 的右端连接到单片机 P1 口的 P1.0 端，方法如下：当鼠标的指针靠近 D1 右端的连接点时，跟着鼠标的指针就会出现一个"□"号，表明找到了 D1 的连接点，单击鼠标左键，移动鼠标(不用拖动鼠标)，将鼠标的指针靠近 P1.0 端的连接点时，跟着鼠标的指针就会出现一个"□"号，表明找到了的 P1.0 连接点，同时屏幕上出现了绿色虚线的连接。单击鼠标左键，虚线变成了实线，同时，线形由直线自动变成了 90°的折线，这是因为使用了线路自动路径功能。

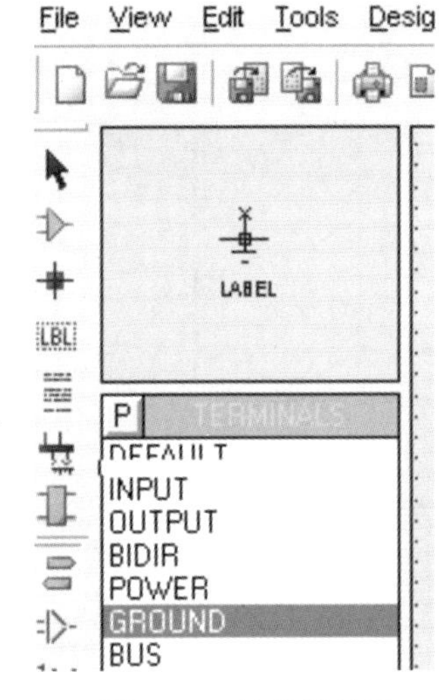

图 2.36 接线端显示

Proteus 具有线路自动路径功能(简称 WAR)，即选中两个连接点后，WAR 将选择一个合适的路径连线。WAR 可通过使用标准工具栏里的"WAR"命令按钮来关闭或打开，也可以在菜单栏的"Tools"下找到这个图标。至此，得到如图 2.32 所示的完整电路图。

4. 基于 Keil 的软件设计

直接双击 μVision 的图标以启动 Keil 软件，进入主界面。

(1)建立工程文件。点击主界面菜单栏中"Project→New Project…"菜单，出现一个对话框，要求给将要建立的工程起一个名字，可以在编辑框中输入一个名字(如设为 XUNHUAN)。保存后，出现如图 2.37 所示的对话框，要求选择目标 CPU(即所用芯片的型号)。选择 Atmel 公司的 89C51 芯片，点击 Atmel 前面的"＋"号展开；选择其中的 AT89C51，然后再点击"OK"按钮，回到主界面。此时，在工程窗口的文件页中出现了"Target"。

(2)新建文件，输入源程序。在主界面菜单栏选择"File→New"或者点击工具栏的新建文件按钮，即可在右侧打开一个新的文本编辑窗口，在该窗口中输入以下源程序：

· 汇编源程序

```
        ORG 0000H
        MOV P1,#00H
        MOV P3,#0FFH
MAIN:   MOV A,P3
        JB ACC.2,K1
        MOV R1,#8
        MOV A,#01H
```

```
K0: MOV P1,A
    LCALL DELAY
    RLA
    DJNZ R1,K0
    SJMP MAIN
K1: JB ACC.3,MAIN
    MOV P1,#0FFH
    LCALL DELAY
    SJMP MAIN
DELAY: MOV R7,#200
D1: MOV R6,#250
    DJNZ R6,$
    DJNZ R7,D1
    RET
    END
```

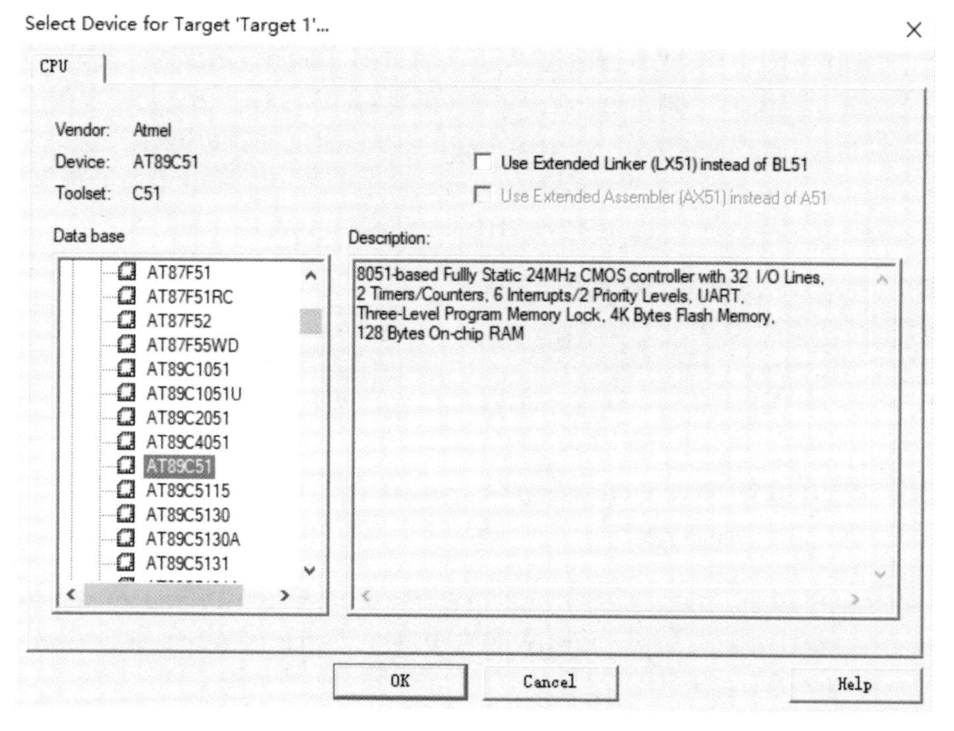

图 2.37　选择单片机型号对话框

保存该文件，注意必须加上扩展名，汇编语言源程序一般用 .asm 为扩展名(C51 程序一般用.c 为扩展名)，这里假定将文件保存为 Test.asm。

在工程窗口的文件界面左侧窗口内，点击“Target1”前的“+”号展开，可以看见一个空的工程“Source Group1”，需手动将编写好的源程序加入。右键单击“Source Group1”，出现一个下拉菜单，选中 “Add file to Group‘Source Group1’”，出现源文件寻找对话框。注意，该对话框的“文件类型”默认为 C source file(* . c),如文件的扩展名是. asm,则需更改文件类型,选择“Asm Source File(* . a51, * . asm)即可。在列表框中找到 Test. asm 文件,双击将文件加入项目中。

注意,在文件加入项目后,该对话框并不消失,等待继续加入其他文件。但初学时常会误认为操作没有成功而再次双击同一文件,这时会出现如图 2.38 所示的对话框,提示所选文件已在列表中,此时应点击“确定”,返回前一对话框,然后点击“Close”即可返回主界面。返回后,点击“Source Group1”前的加号,会发现 XUNHUAN. asm 文件已在其中。双击文件名即可打开该源程序。

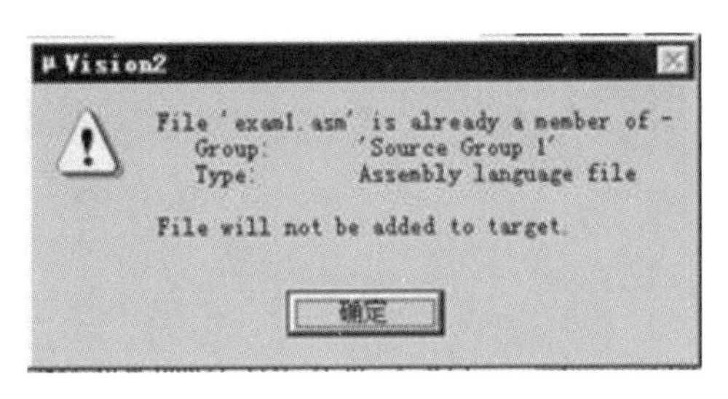

图 2.38　重复加入文件的错误的提示

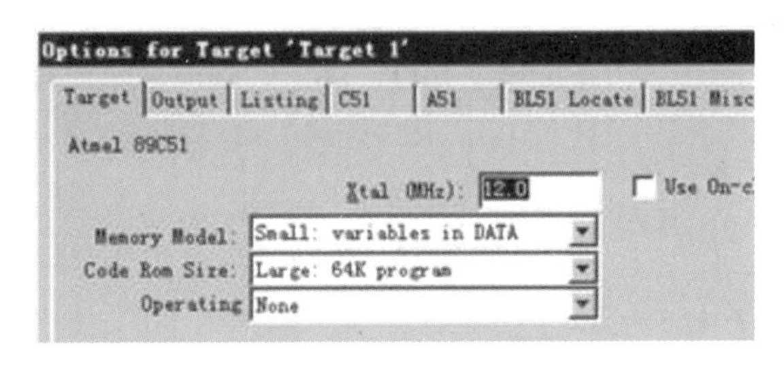

图 2.39　工程设置对话框

(3)工程的详细设置。首先点击左边 Project 窗口的 Target1,然后选择菜单“Project→Option for target ‘target1’”即出现工程设置的对话框,如图 2.39 所示。由于本例所选单片机为 AT89C51,其主频率默认是 24.0 MHz,故在图中 Xtal 中可更改为 12.0。

另外,在如图 2.40 所示的设置对话框 Output 选项卡中,选中 Create Hex File 项(一般默认情况下该项未被选中),可生成扩展名为. HEX 的可执行代码文件。

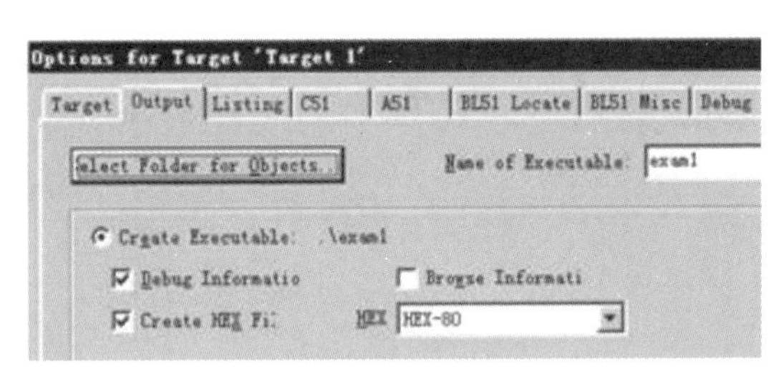

图 2.40　Output 界面

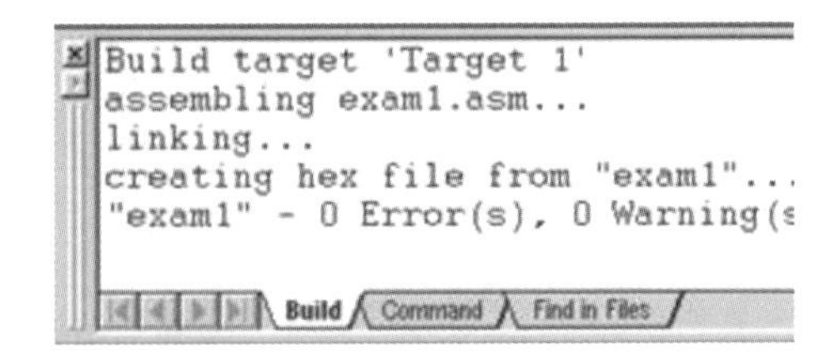

图 2.41　编译、链接提示窗口

(4)编译、链接、装载。在如图 2.9 所示的工程界面中,选择菜单 Project→Build target,对当前工程文件进行自动编译、链接。如编译、链接无错误,会出现如图 2.41 所示的窗口;如有错误,在该窗口中会给出提示。

5. Keil 与 Proteus 连接调试

(1)程序导入 Proteus。电路连接完成后,选中 AT89C51,单击鼠标左键,打开“Edit Component”对话窗口,如图 2.42 所示,可以直接在“Clock Frequency”后进行频率设定,设定单片机的时钟频率为 12 MHz。在“Program File”栏中选择已经生成的 XUNHUAN. HEX 文件,把编写的程序导入 Proteus,然后单击“OK”按钮保存设计。

也可以用软件自带编译器,方法如下:点击菜单栏“Source→Add/Remove Source Files(添加或删除源程序)”,出现一个对话框,点击对话框中的“NEW”按钮,在出现的对话框中找到文件 HUNHUA. HEX 双击打开；在“Code Generation Tool”的下面找到“ASEM51”，然后点击“OK” 按钮，设置完毕。点击菜单栏的“Source”，在下拉菜单点击“Build All”，编译结果的对话框就会出现，如果有错误，对话框会提示哪一行出现了问题。

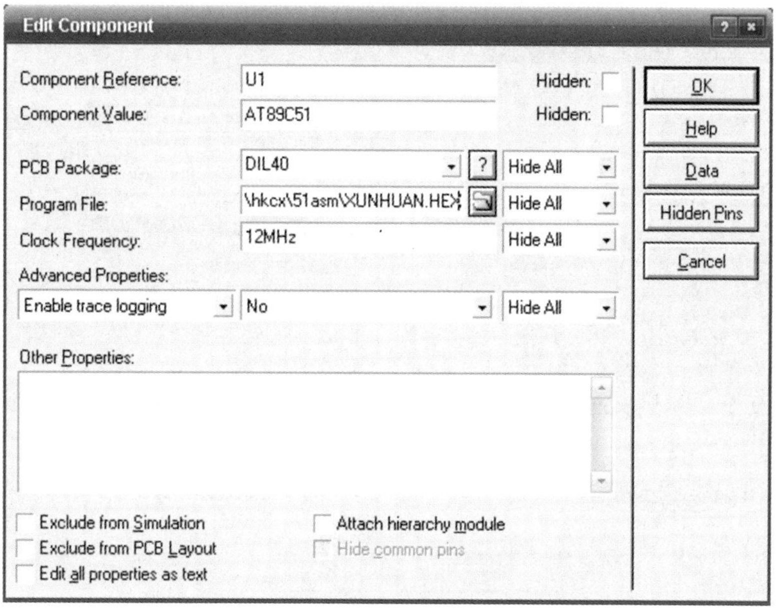

图 2.42　程序导入 Proteus

(2)模拟仿真调试。左键点击 AT89C51，在出现的对话框里点击 Program File 按钮，找到刚才编译得到的 hex 文件，然后点击“OK”按钮就可以模拟。点击模拟调试按钮的运行按钮  ，进入调试状态。点击按键 K0，查看发光二极管是否依次点亮，也可试试按键 K1，查看发光二极管是否全亮，如图 2.43 所示。

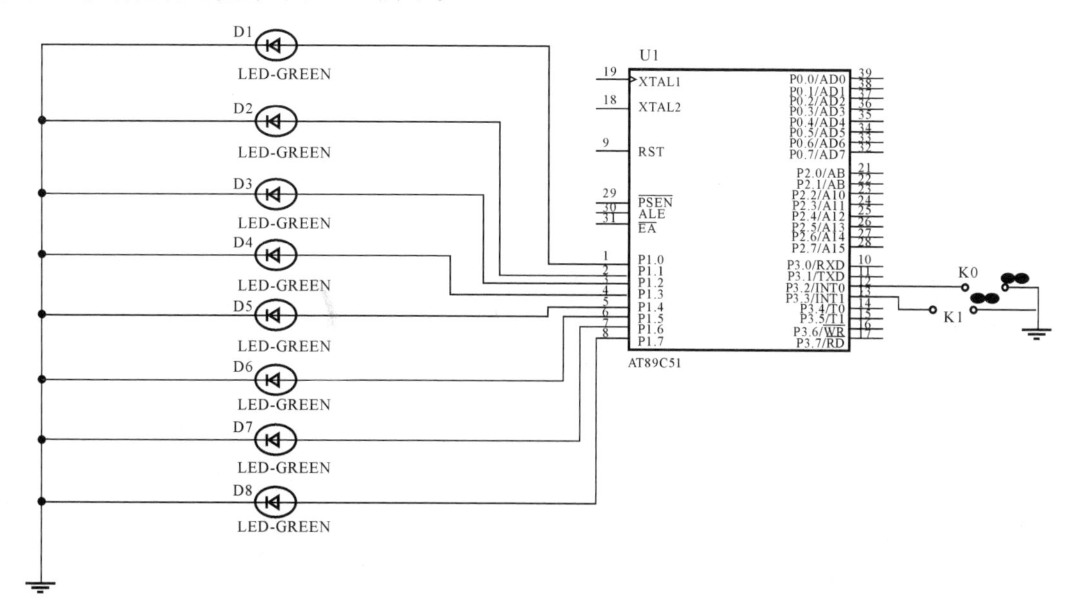

图 2.43　仿真结果

(3)外接实验箱或硬件模块。选择菜单 Project→Options for Target 或者点击工具栏的“option for target”按钮 ,弹出窗口,点击“Debug”按钮,出现如图 2.44 所示页面,进行必要的设置即可。

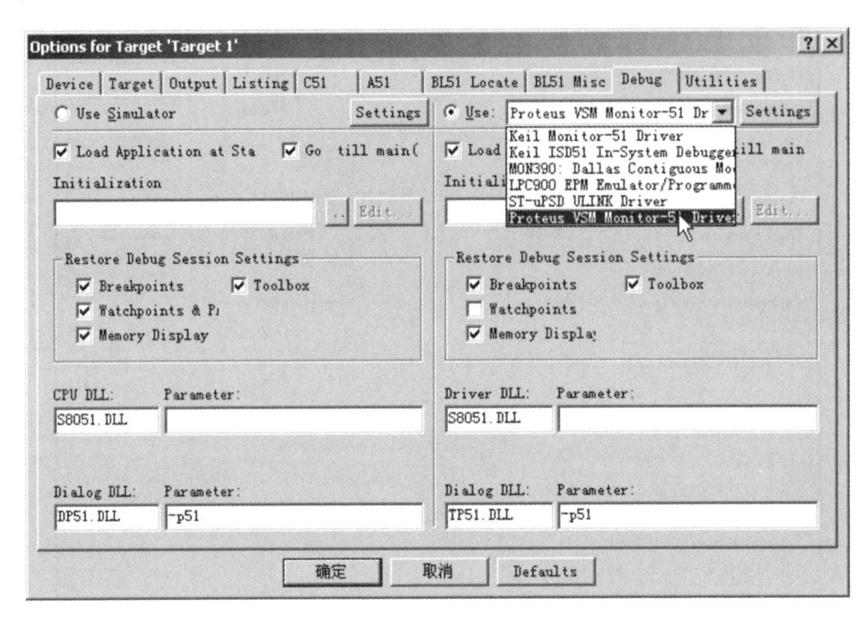

图 2.44　外接实验箱或硬件模块设置

2.3.4　虚拟仪器的使用

Proteus 提供了许多常用虚拟仪器,下面通过图 2.45 所示实例简单介绍一下虚拟仪器的使用。

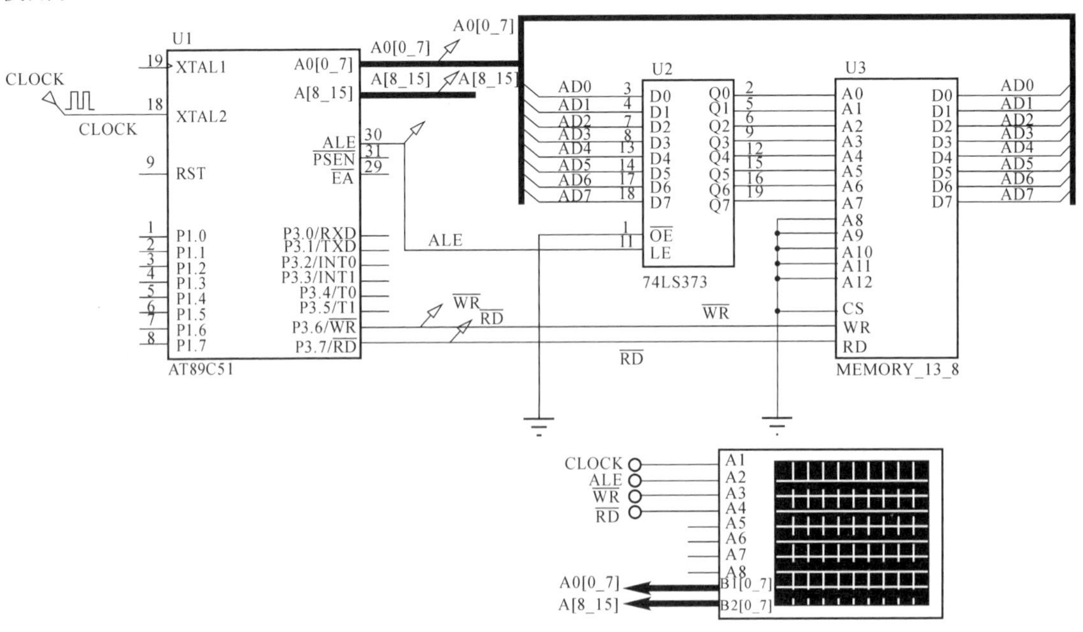

图 2.45　实例图

1. 添加电压探针

单击绘图工具栏中的电压探针按钮 ，在图形编辑窗口，完成电压探针的添加，如图 2.46 所示。

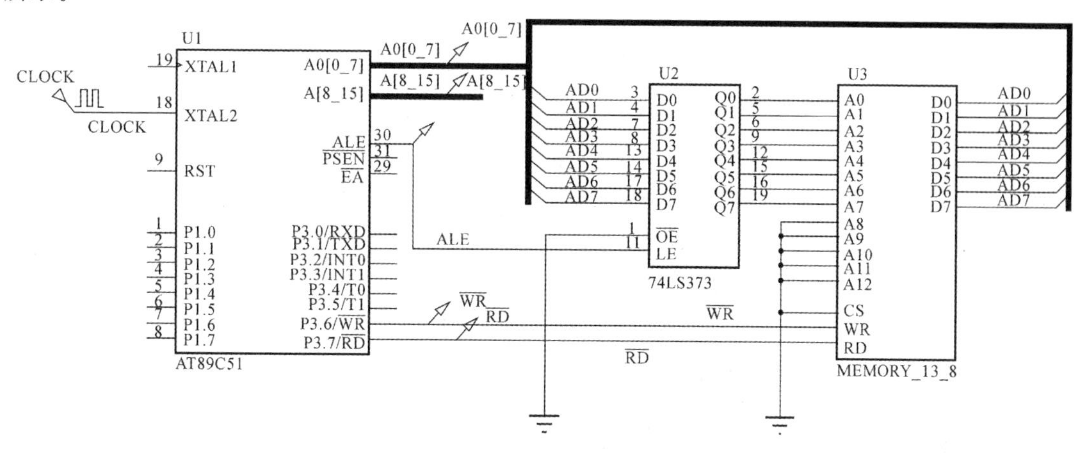

图 2.46　添加电压探针

电压探针的连接点与导线或者总线连接后，电压探针名自动更改为已标注的导线名、总线名或者与该导线连接的设备引脚名。

2. 添加虚拟逻辑分析仪

在绘制图形的过程中，遇到复杂的图形，通常一幅图很难准确地表达设计者的意图，往往需要多幅图来共同表达一个设计。Proteus ISIS 能够支持一个设计有多幅图的情况。前面所绘图形是装在第一幅图中的，可通过状态栏中的"Root sheet 1"得知。下面将虚拟逻辑分析仪添加到第二幅图("Root sheet 2")中。

单击"Design"菜单，选中其下拉菜单"New Sheet"，如图 2.47 所示(或者单击标准工具栏中的新建一幅图按钮)。此时，状态栏中显示为"Root sheet 2"，表明可以在第二幅图中绘制设计图。同时，在"Design"菜单中，有许多针对不同图幅的操作可供使用，比如：不同图幅之间的切换，可以使用快捷键"Page Down"或"Page Up"等。

单击绘图工具栏中的虚拟仪器按钮 ，在对象选择器窗口，选中对象 LOGIC ANALYSER，如图 2.47 所示，将其放置到图形编辑窗口。

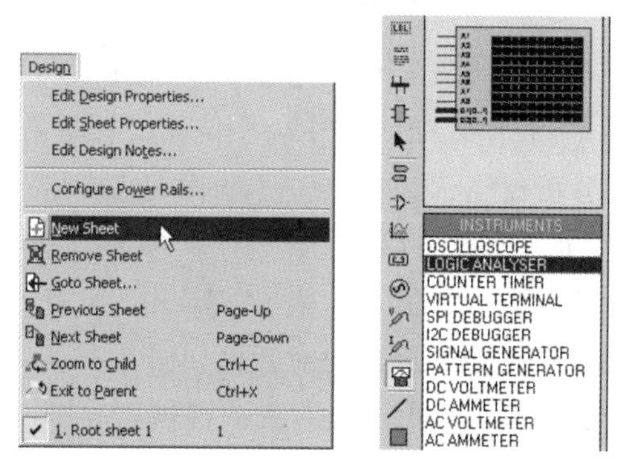

图 2.47　添加虚拟逻辑分析仪

3. 给逻辑分析仪添加信号终端

单击绘图工具栏中的 Inter - sheet Terminal 按钮 ，在对象选择器窗口，选中对象 DEFAULT，如图 2.48(a)所示，将其放置到图形编辑窗口；在对象选择器窗口，选中对象 BUS，如图 2.48 (b)所示，将其放置到图形编辑窗口。

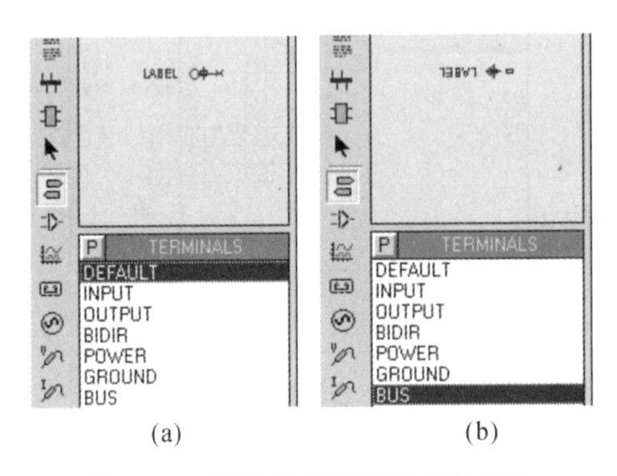

图 2.48 逻辑分析仪添加信号终端

4. 将信号终端与虚拟逻辑分析仪连线并加标签

在图形编辑窗口，完成信号终端与虚拟逻辑分析仪连线。单击绘图工具栏中的导线标签按钮 ，在图形编辑窗口，完成导线或总线的标注，将标注名移动至合适位置，如图 2.49 所示。通过标注，完成了第一幅图与第二幅图的衔接。至此，便完成了整个电路图的绘制。

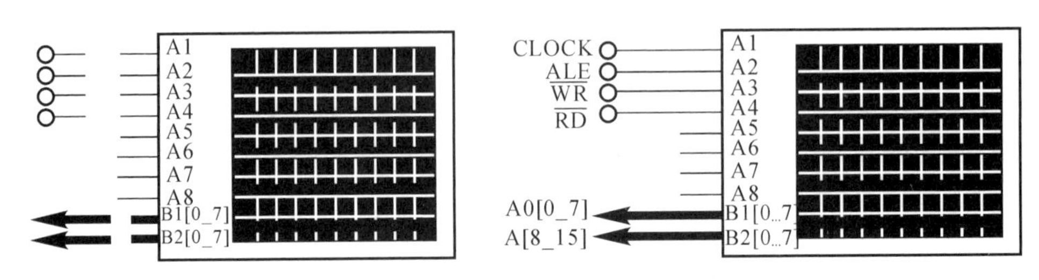

图 2.49 信号终端与虚拟逻辑分析仪连线并加标签

5. 调试运行

使用快捷键“Page Down”，将图幅切换到“Root sheet 1”。单击仿真运行开始按钮 ，能清楚地观察到：①引脚的电平变化。红色代表高电平，蓝色代表低电平，灰色代表未接入信号，或者为三态。②电压探针的值在周期性地变化。单击仿真运行结束按钮 ，仿真结束。

使用快捷键“Page Down”，将图幅切换到“Root sheet 2”。单击仿真运行开始按钮 ，能清楚地观察到，虚拟逻辑分析仪 A1，A2，A3，A4 端代表高低电平的红色与蓝色交替闪烁，通常会同时弹出虚拟逻辑分析仪示波器，如图 2.50(a)所示。如未弹出虚拟逻辑分析仪示波器，可单击仿真结束按钮 ，结束仿真。单击“Debug”菜单，在下拉菜单中选择“Reset Popup Windows”，如图 2.50(b)所示。弹出的对话框如图 2.50(c)所示，选择“Yes”执行。再单击仿真运行开始按钮 ，便会弹出虚拟逻辑分析仪示波器。单击逻辑分析仪的启动键 ，在逻辑分析仪上出现如图 2.51 所示的波形图及读/写存储器的时序图。

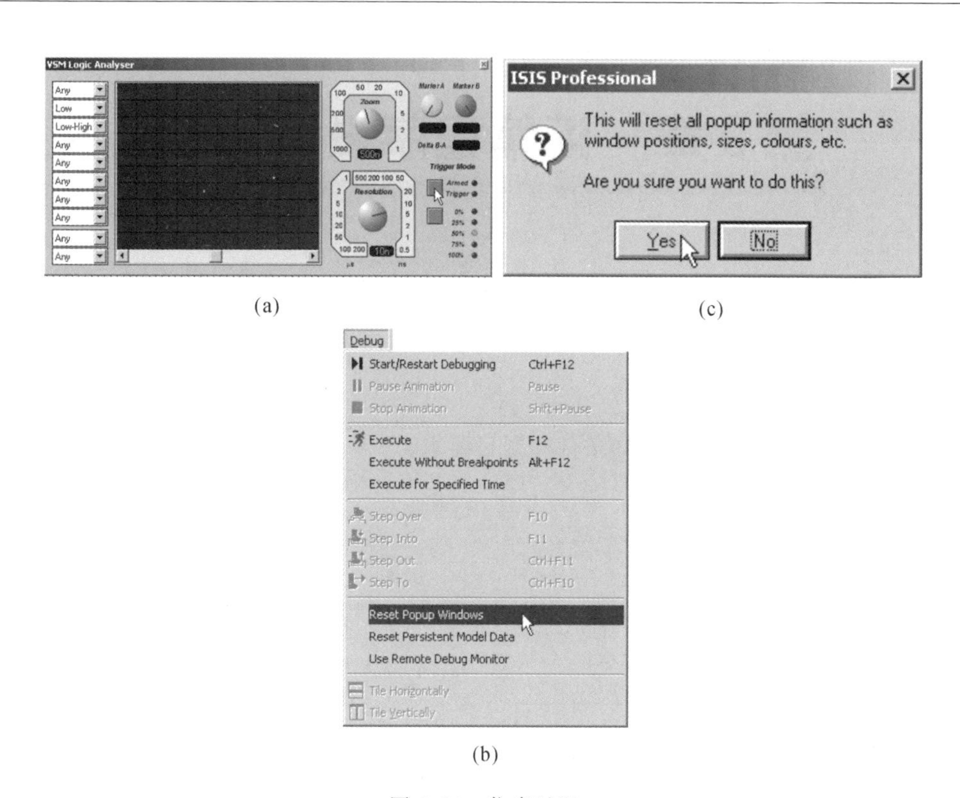

图 2.50　仿真过程

(a)虚拟逻辑分析仪示波器；(b)“Debug”菜单；(c)对话框

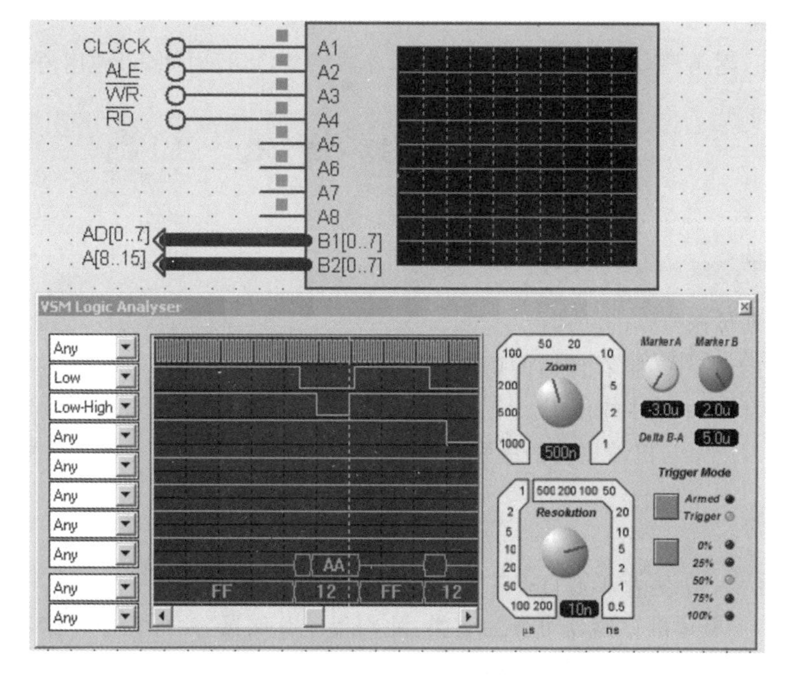

图 2.51　虚拟逻辑分析仪示波器测试结果

第 3 章　汇编程序设计实验

下面介绍程序设计的步骤。

1．需求分析

对题目要求进行分析，确定已知条件和题目要求。

2．确定算法

根据已知条件和题目要求确定算法。

3．程序结构选择

根据算法选择程序设计结构，例如顺序、分支、循环结构；画出流程图。

常用的流程图符号如图 3.1 所示。

图 3.1　常用流程图符号

4．编写程序

根据流程图，逐条编写程序，力求简单明了，层次清楚，运行时间短，占用内存空间少。

3.1　数据传送

一、实验目的

(1)掌握数据传送指令的功能。

(2)掌握片内、片外数据存储器的访问、显示和修改方法。

(3)掌握仿真软件 Keil 的使用。

(4)了解汇编语言与机器语言的区别。

二、预习要求

1．掌握 MCS－51 单片机的内部寄存器和存储器的结构

(1)MCS－51 单片机存储器可分为 5 类：片内程序存储器，片外程序存储器，片内数据存储器，特殊功能寄存器，片外数据存储器。

(2)MCS－51 单片机存储器的地址空间可分为 3 个。在访问这 3 个不同的地址空间时，采用不同形式的指令。

1)片内、片外统一编址的 64 KB 程序存储器地址空间[见图 3.2(a),用 16 位地址];

2)片内数据存储器与特殊功能寄存器统一编址的 256B 内部数据存储器地址空间[见图 3.2(b),用 8 位地址];

3)64 KB 片外数据存储器地址空间[见图 3.2(b),用 16 位地址]。

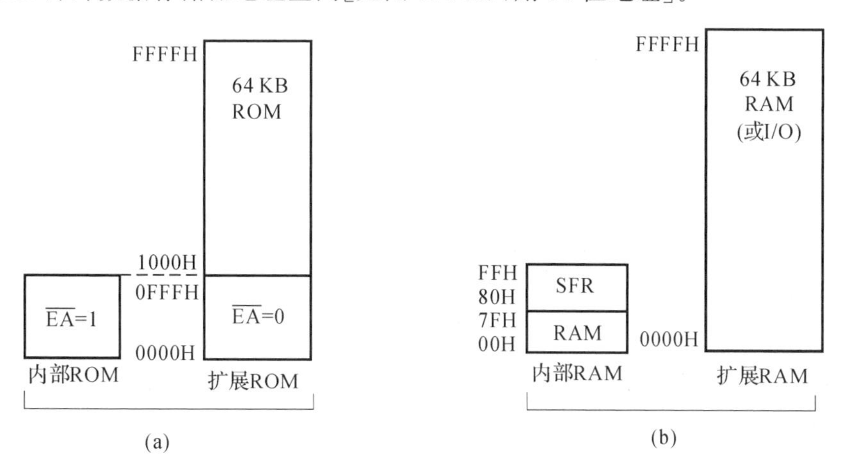

图 3.2　单片机存储器地址空间

(a)程序存储器；　(b)数据存储器

2. 掌握 MCS－51 的 7 种寻址方式

指定操作数所在的地址,或者指定程序转移的目的地址的方式。

(1)立即寻址。操作数在指令中以 8 位立即数＃data 的方式直接给出。为了与直接地址相区别,在立即数前面加"＃"标志。

(2)直接寻址。指令中的操作数以操作数存放单元的直接地址给出。直接寻址方式寻址范围只限于单片机内部数据存储器中地址为 00H～7FH 的 128 个存储单元以及 21 个特殊功能寄存器。特殊功能寄存器在指令中可以用寄存器符号表示,也可以用它们的单元地址来表示。在指令的格式中它们用 direct 来表示。

(3)寄存器寻址。操作数在指令所选定的寄存器中。寄存器寻址方式的寻址范围是当前工作寄存器组的 R0～R7,部分特殊功能寄存器 A,B 和 DPTR。

(4)寄存器间接寻址。以寄存器中的数据为某存储单元的地址,该地址所指的存储单元中的数据才是操作数。能够用于寄存器间接寻址的寄存器有 R0,R1,DPTR,用时在它们前面要加@来表示。SP 在指令执行中也起到寄存器间接寻址的作用,但它不出现在指令表达形式中。

(5)变址寻址。以数据指针 DPTR 或程序计数器 PC 为基址寄存器,累加器 A 为偏移量寄存器,将基址寄存器中的内容加上累加器中的内容之和作为操作数的地址。该方式只能对程序存储器中的数据进行操作。变址寻址方式的指令只有 3 条,并且只有读操作而无写操作。

```
MOVC A,@A+DPTR
MOVC A,@A+PC
JMP  @A+DPTR
```

(6)相对寻址。相对寻址主要用于实现程序的分支转移,在相对寻址的转移指令中,给出了地址偏移量 rel,把 PC 的当前值加上偏移量就构成了程序转移的目的地址。

(7)位寻址。采用位寻址方式指令的操作数是8位二进制数中的某1位,指令中给出的是位址。位寻址的寻址范围如下:

1)片内数据存储器位寻址区中,位地址为00H～7FH的128位。

2)11个可位寻址特殊功能寄存器中的82个有效可寻址位。

3. 熟悉数据传送类指令

(1)以累加器A为目的操作数的指令(4条)。

指令	功能	机器码
MOV A,Rn	A←(Rn)	E8+n
MOV A,direct	A←(direct)	E5 direct
MOV A, @Ri	A←((Ri))	E6+i
MOV A,#data	A← data	74 data

(2)以寄存器Rn为目的操作数的指令(3条)。

指令	功能	机器码
MOV Rn,A	Rn←(A)	F8+n
MOV Rn,direct	Rn←(direct)	A8+n direct
MOV Rn,#data	Rn←data	78+n data

(3)以直接地址direct为目的操作数的指令(5条)。

指令	功能	机器码
MOV direct,A	direct←(A)	F5 direct
MOV direct,Rn	direct←(Rn)	88+n direct
MOV direct,direct	direct←(direct)	85 源地址 目的地址
MOV direct,@Ri	direct←((Ri))	86+i direct
MOV direct,#data	direct←data	75 direct data

(4)以间接地址@Ri为目的操作数的指令(3条)。

指令	功能	机器码
MOV @Ri, A	(Ri)←(A)	F6+i
MOV @Ri, direct	(Ri)←(direct)	A6+i direct
MOV @Ri, #data	(Ri)←data	76+i data

(5)以DPTR为目的操作数的指令(1条)。

指令	功能	机器码
MOV DPTR,#data16	DPTR ←data16	90 data16

(6)访问外部RAM的指令(4条)。

指令	功能	机器码
MOVX A,@DPTR	A←((DPTR))	E0
MOVX A,@Ri	A ←((Ri))	E2+i
MOVX @DPTR,A	(DPTR)←(A)	F0
MOVX @Ri,A	(Ri)←(A)	F2+i

(7)读程序存储器的指令(2条)。

指令	功能	机器码
MOVC A,@A+PC	PC←(PC)+1 A←((A)+(PC))	83
MOVC A,@A+DPTR	A←((A)+(DPTR))	93

(8)数据交换指令(4 条)。

指令	功能	机器码
XCH A,direct	(A)与(direct)互换	C5 direct
XCH A,@Ri	(A)与((Ri))互换	C6+i
XCH A,Rn	(A)与(Rn)互换	C8+n
XCHD A,@Ri	(A3－0)与((Ri)3－0)互换	D6+i

(9)堆栈操作指令(2 条)。

指令	功能	机器码
PUSH direct	SP←(SP)+1,(SP)←(direct)	C0 direct
POP direct	direct←((SP)),SP←(SP)－1	D0 direct

三、实验器材

(1)计算机:1 台。

(2)Keil 仿真软件:1 套。

四、实验内容

(1)内部数据传送:用立即寻址的方式给片内 RAM 20H,25H,B 寄存器分别置数为 25H,88H,AAH。

(2)外部数据传送:将立即数 88H 送到片外 RAM 的 2000H 单元。

五、实验原理

利用单片机数据传送指令进行片内外数据的传送。

六、实验步骤

(1)编写程序。

(2)打开 Keil 软件界面。

(3)在“Project”下创建一个新工程。

(4)为工程选择目标设备即“Select Device for Target”。

(5)在“Feil”下建立程序文件。

(6)录入、编辑程序文件。

(7)保存文件:汇编语言文件类型扩展名为“.asm”,C 语言文件类型扩展名为“.c”。

(8)添加程序文件到工程组中。

(9)程序编译、链接、排错。

(10)运行程序:打开存储器空间(View→Memory Windows),输入地址:片内 RAM “d:data”,片外 RAM “x:data16”。单步跟踪运行观察存储单元的变化。

七、结果分析

略。

3.2 拆字程序、拼字程序设计

一、实验目的

(1)掌握 MCS－51 的逻辑指令功能和汇编语言设计方法。
(2)掌握 Keil 平台下的编译、排错及调试方法。
(3)掌握汇编语言顺序结构的设计方法。

二、预备知识

1. 逻辑运算与移位类指令

(1)逻辑与指令(6 条)。

指令	功能	机器码
ANL direct，A	direct←(direct)∧(A)	52 direct
ANL direct，#data	direct←(direct)∧data	53 direct date
ANL A，#data	A←(A)∧data	54 data
ANL A，direct	A←(A)∧(direct)	55 direct
ANL A，@Ri	A←(A)∧((Ri))	56＋i
ANL A，Rn	A←(A)∧(Rn)	58＋n

(2)逻辑或指令(6 条)。

指令	功能	机器码
ORL direct，A	direct←(direct)∨(A)	42 direct
ORL direct，#data	direct←(direct)∨data	43 direct date
ORL A，#data	A←(A)∨data	44 data
ORL A，direct	A←(A)∨(direct)	45 direct
ORL A，@Ri	A←(A)∨((Ri))	46＋i
ORL A，Rn	A←(A)∨(Rn)	48＋n

(3)逻辑异或指令(6 条)。

指令	功能	机器码
XRL direct，A	direct←(direct)⊕(A)	62 direct
XRL direct，#data	direct←(direct)⊕data	63 direct date
XRL A，#data	A←(A)⊕data	64 data
XRL A，direct	A←(A)⊕(direct)	65 direct
XRL A，@Ri	A←(A)⊕((Ri))	66＋i
XRL A，Rn	A←(A)⊕(Rn)	68＋n

(4)清零与取反指令(2 条)。

指令	功能	机器码
CLR A	A←0	E4
CPL A	把 A 的内容取反	F4

(5)移位指令(5 条)。

指令	功能	机器码
RR A	将 A 中的数据循环右移 1 位	03
RL A	将 A 中的数据循环左移 1 位	23
RRC A	将 A 中的数据带进位标志位 C (作最高位)循环右移 1 位	13
RLC A	将 A 中的数据带进位标志位 C (作最高位)循环左移 1 位	33
SWAP A	将 A 中数据的高 4 位和低 4 位互换	C4

2. 顺序结构程序的编程

顺序程序是指无分支、无循环结构，也不调用子程序的程序，这是最简单的程序结构。顺序程序执行的流程是依指令在存储器中的存放顺序进行的。

三、实验器材

(1)计算机:1 台。

(2)Keil 仿真软件:1 套。

四、实验内容

(1)把 8000H 单元中的一 8 位数据拆开，高 4 位送 8001H 单元，低 4 位送 8002H 单元，且要求将 8001H，8002H 单元的高 4 位屏蔽. 。

(2)把 8000H，8001H 单元中的两个字节的低位取出，拼装成一个字节送入 8002H 单元。

五、实验原理

利用 MCS－51 的逻辑运算指令屏蔽或保护某些位。

六、实验步骤

(1)编写程序。

(2)打开 Keil 软件界面。

(3)在“Project”下创建一个新工程。

(4)为工程选择目标设备即“Select Device for Target”。

(5)建立程序文件。

(6)录入、编辑程序文件。

(7)保存文件，汇编语言文件类型扩展名为“. asm”。

(8)添加程序文件到工程中。

(9)程序编译、链接、排错。

(10)赋值：打开存储器空间(View→Memory Windows)，输入地址：片外 RAM“x：8000h”，进行赋值。

(11)运行程序：单步执行，观察相关寄存器及存储单元的变化。

七、结果分析

略。

八、思考题

修改 8000H，8001H 内容重复上述实验。

3.3 双字节十进制加法程序设计

一、实验目的

(1)掌握带进位与不带进位加法指令的应用场合。

(2)熟悉十进制调整指令的调整规则和应用场合。

二、预备知识

算术运算类指令：

(1)不带进位的加法指令(4 条)。

指令	功能	机器码
ADD A，#data	A←(A)+data	24 data
ADD A，direct	A←(A)+(direct)	25 direct
ADD A，@Ri	A←(A)+((Ri))	26+i
ADD A，Rn	A←(A)+(Rn)	28+n

(2)带进位的加法指令(4 条)。

指令	功能	机器码
ADDC A，#data	A←(A)+data+(C)	34 data
ADDC A，direct	A←(A)+(direct)+(C)	35 direct
ADDC A，@Ri	A←(A)+((Ri))+(C)	36+i
ADDC A，Rn	A←(A)+(Rn)+(C)	38+n

(3)加 1 指令(5 条)。

指令	功能	机器码
INC A，	A←(A)+1	04
INC direct	direct←(direct)+1	05 direct
INC @Ri	(Ri)←((Ri))+1	06+I
INC Rn	Rn←(Rn)+1	08+n
INC DPTR	DPTR←(DPTR)+1	A3

(4)十进制调整指令(1 条)。

指令	功能	机器码
DA　A	对 A 中的结果进行十进制调整	D4

(5)带借位减法指令(4 条)。

指令	功能	机器码
SUBB A,#data	A←(A)－data－(C)	94 data
SUBB A, direct	A←(A)－(direct)－(C)	95 direct
SUBB A, @Ri	A←(A)－((Ri))－(C)	96＋i
SUBB A, Rn	A←(A)－(Rn)－(C)	98＋n

没有不带借位的减法指令,先将进位标志 C 清零,即可用此组指令来完成不带借位的减法。这组指令对 PSW 中的 C,AC,OV 和 P 等位均有影响。

(6)减 1 指令(4 条)。

指令	功能	机器码
DEC A	A←(A)－1	14
DEC direct	direct←(direct)－1	15direct
DEC @Ri	(Ri)←((Ri))－1	16＋i
DEC Rn	Rn←(Rn)－1	18＋n

(7)乘法指令(1 条)。

指令	功能	机器码
MUL AB	A 与 B 中 8 位无符号数相乘	A4

(8)除法指令(1 条)。

指令	功能	机器码
DIV AB	8 位无符号数 A 除以 B	84

三、实验器材

(1)计算机:1 台。

(2)Keil 仿真软件:1 套。

四、实验内容

双字节求和:存放在片内 30H 和 40H 开始的单元中的双字节二进制数,求两数之和,并将和存放在 50H 开始的单元中。进位位放在 52H 单元。

五、实验原理

通过对加法指令的学习,要区分带进位加法与不带进位加法的应用场合,明确使用 ADD 或 ADDC 指令是进行二进制数相加。若想完成十进制数相加,必须用 DA 指令对二进制数相加,结果进行十进制调整。ADD 或 ADDC 指令对标志位有影响,而 INC 指令虽然加 1,但对标志位却没有影响。

六、实验步骤

(1)编写程序。

(2)打开 Keil 软件界面。

(3)在“Project”下创建一个新工程。

(4)为工程选择目标设备即“Select Device for Target”。

(5)建立程序文件。

(6)录入、编辑程序文件。

(7)保存文件,汇编语言文件类型扩展名为“. asm”。

(8)添加程序文件到工程中。

(9)程序编译、链接、排错。

(10)赋值:打开存储器空间(View→Memory Windows),输入地址:address “d:30h”,“d:40h” ,进行赋值。

(11)单步执行程序,观察相关寄存器及 50H,51H,52H 各存储单元的变化。

七、结果分析

略。

八、思考题

(1)INC 指令能否用 DA 指令对二进制数进行调整?

(2)若为十进制数(BCD 码)相加,如何改动程序?

3.4 找出最大数程序设计

一、实验目的

(1)掌握分支程序的结构。

(2)掌握控制转移指令的功能及使用方法。

二、预备知识

1. 控制转移类指令

(1)无条件转移指令(4 条)。

1)短跳转指令(1 条)。

指令	功能	机器码
AJMP addr11	PC←(PC)+2, PC10～0←addr11	01 addr7～0

该指令的机器码为 2B,格式:高字节为 a10a9a800001,低字节为 a7～a0。

该指令转移的目的地址在从它下一条指令首地址开始的 2 KB 程序存储器范围内。例:若指令 AJMP 250 H 在程序存储器中的首地址是 2500 H,下一条指令首地址是 2502 H(PC

当前值)，则目的地址为 2250 H，指令机器码为 4150。2250 H 显然是在 2 KB 转移地址范围内。

2)长跳转指令(1 条)。

指令	功能	机器码
LJMP addr16	PC←addr16	02 addrH addrL

3)相对转移指令(1 条)。

指令	功能	机器码
SJMP rel	PC←(PC)＋2，PC←(PC)＋rel	80 rel

4)基址加变址间接转移指令(1 条)。

指令	功能	机器码
JMP@A＋DPTR	PC←(A)＋(DPTR)	73

(2)条件转移指令(8 条)。

1)累加器判 0 转移指令(2 条)。

指令	功能	机器码
JZ rel	(A)＝00H：PC←(PC)＋2＋rel	60 rel
	(A)≠00H：PC←(PC)＋2	
JNZ rel	(A)≠00H：PC←(PC)＋2＋rel	70 rel
	(A)＝00H：PC←(PC)＋2	

2)比较不相等转移指令(4 条)。

指令	机器码
CJNE A，#data，rel	B4 data rel
CJNE A，direct，rel	B5 direct rel
CJNE@Ri，#data，rel	B6＋i data rel
CJNE Rn，#data，rel	B8＋n data rel

3)减 1 不为 0 转移指令(2 条)。

指令	机器码
DJNZ Rn，rel	d8＋n rel
DJNZ direct，rel	d5 direct rel

(3)调用与返回指令(4 条)。

1)调用指令。

指令	机器码
ACALL addr11	*1 addr7～0
LCALL addr16	12 addrH addrL

2)返回指令。

指令	功能	机器码
RET	PC15－8←((SP))，SP←(SP)－1	22
	PC7－0←((SP))，SP←(SP)－1	

RETI	PC15－8←((SP)),SP←(SP)－1 PC7－0←((SP)),SP←(SP)－1	32

(4)空操作指令(1 条)。

指令	功能	机器码
NOP	PC←(PC)＋1	00

(5)位条件转移指令(5 条)。

指令	功能	机器码
JBC bit,rel	(bit)＝1,转移, 且(bit)清 0	10 bit rel
JB	bit,rel(bit)＝1,转移	20 bit rel
JNB bit,rel	(bit)＝0,转移	30 bit rel
JC rel	(C)＝1,转移	40 rel
JNC rel	(C)＝0,转移	50 rel

(6)位操作类指令(17 条)。

1)位变量传送指令(2 条)。

指令	功能	机器码
MOV bit,C	bit←(C)	92 bit
MOV C,bit	C←(bit)	A2 bit

2)位清零和置位指令(4 条)。

指令	功能	机器码
CLR bit	bit←0	C2 bit
CLR	CC←0	C3
SETB bit	bit←1	D2 bit
SETB C	C←0	D3

3)位逻辑运算指令(6 条)。

指令	功能	机器码
ANL C,bit	C←(C)∧(bit)	82 bit
ANL C,/bit	C←(C)∧ /(bit)	B0 bit
ORL C,bit	C←(C)∨(bit)	72 bit
ORL C,/bit	C←(C)∨/(bit)	A0 bit
CPL C	C 中的内容取反	B3
CPL bit	位地址单元中的内容取反	B2 bit

4)位条件转移指令(5 条)。

指令	功能	机器码
JBC bit,rel	(bit)＝1,转移, 且(bit)清 0	10 bit rel
JB bit,rel	(bit)＝1,转移	20 bit rel

JNB bit,rel	(bit)=0,转移	30 bit rel
JC　rel	(C)=1,转移	40　rel
JNC rel	(C)=0,转移	50　rel

2. 分支结构程序设计方法

在程序设计中,有时根据实际需要可以通过判断、比较等结果,改变程序执行的顺序,转向不同的分支。分支程序是通过转移指令实现的,可分成单分支、双分支和多分支 3 种结构。

三、实验器材

(1)计算机:1 台。

(2)Keil 仿真软件:1 套。

四、实验内容

找最大数:在外部 RAM 8000H,8001H 单元放两个无符号数,找出其中较大的送到 8002H 中去。

五、实验原理

分支程序有单分支和多分支之分,主要由控制转移指令来控制转移。常用的控制转移指令有 JZ, JNZ, JC, JNC, JB, JNB, CJNE, DJNZ, SJMP, LJMP, AJMP, JMP, ACALL, LCALL,RET。

六、实验步骤

(1)编写程序。

(2)打开 Keil 软件界面。

(3)在"Project"下创建一个新工程。

(4)为工程选择目标设备即"Select Device for Target"。

(5)建立程序文件。

(6)录入、编辑程序文件。

(7)保存文件,汇编语言文件类型扩展名为". asm",C 语言文件类型扩展名为". c"。

(8)添加程序文件到工程中。

(9)程序编译、链接、排错。

(10)赋值:打开存储器空间(View→Memory Windows),输入地址:对片外 RAM "x:8000h","x:8001h"进行赋值。

(11)运行程序:单步执行,观察相关寄存器及存储单元 8002H 单元的变化。

七、结果分析

略。

八、思考题

编写程序实现两个有符号数比较大小。

3.5 清零程序设计

一、实验目的

(1)掌握循环程序的结构。
(2)学习简单的循环程序设计方法。

二、预备知识

在程序设计中,经常需要连续多次地重复执行某段程序,这时可以设计循环程序,这种结构有助于用简短的程序完成大量的处理任务。

循环程序一般由初始化、循环体、循环修改、循环控制、循环结束等部分组成。循环程序有先执行后判断和先判断后执行两种结构。

三、实验器材

(1)计算机:1台。
(2)Keil仿真软件:1套。

四、实验内容

(1)编程将片内RAM(DATA)的40H~60H各单元清零。
(2)把外部RAM(XDATA)的8000~80FFH RAM空间清零。

五、实验原理

循环程序一般由4个部分组成:初始化部分、循环体部分、循环修改部分和循环控制部分。

六、实验步骤

(1)编写程序。
(2)打开Keil软件界面。
(3)在"Project"下创建一个新工程。
(4)为工程选择目标设备即"Select Device for Target"。
(5)建立程序文件。
(6)录入、编辑程序文件。
(7)保存文件,汇编语言文件类型扩展名为".asm",C语言文件类型扩展名为".c"。
(8)添加程序文件到工程中。
(9)程序编译、链接、排错。
(10 打开存储器空间(View→Memory Windows),输入地址:片内RAM "d:40h",修改40H~60H单元内容。
(11)运行程序:连续执行。
(12)复位:观察40H~60H各单元内容的变化。

七、结果分析

略。

八、思考题

修改程序把8000H～800FH中内容赋值为AAH。

3.6　数据排序程序设计

一、实验目的

(1)掌握固定次数和非固定次数循环程序设计的方法。
(2)进一步学习Keil软件的编辑、编译、排错、调试方法。

二、实验器材

(1)计算机:1台。
(2)Keil仿真软件:1套。

三、实验内容:

编写并调试一个排序子程序,其功能为用冒泡法将内部RAM 50H单元开始的10个单字节无符号正整数,按从小到大的次序重新排列。

四、实验原理

对于固定次数的循环,可以预先设置循环计数值,存放在一个工作寄存器中,用DJNZ指令实现循环。本实验是一个双重循环,内层循环为$n-1$次,外层循环次数可采用设置标志位的办法控制(非固定次数,先将标志位清零,若有数据交换(即逆序),标志位置1)。每次内层循环结束,判断标志位状态,决定是否作外层循环。

五、实验步骤

(1)编写程序。
(2)打开Keil软件界面。
(3)在"Project"下创建一个新工程。
(4)为工程选择目标设备即"Select Device for Target"。
(5)建立程序文件。
(6)录入、编辑程序文件。
(7)保存文件,汇编语言文件类型扩展名为".asm",C语言文件类型扩展名为".c"。
(8)添加程序文件到工程中。
(9)程序编译、链接、排错。
(10)打开存储器空间(View→Memory Windows),输入地址:对片内RAM50H～5FH单

元进行赋值。

(11)运行程序:连续执行程序。

(12)复位:观察 50H～5FH 各单元内容变化。

六、结果分析

略。

七、思考题

编一程序把 50H～59H 中内容按从大到小降序排列。

3.7 脉冲计数器

一、实验目的

(1)熟悉 80C51 定时/计数器的计数功能。

(2)掌握初始化编程方法。

(3)掌握中断程序的调试方法。

二、预备知识

1. 定时器/计数器

单片机芯片内部由定时/计数器 T_0 和定时/计数器 T_1 两个部件来实现定时或计数功能。当定时/计数结构发生计数溢出时,即表明定时时间到或计数值已满,这时计数溢出信号作为中断请求去置位定时中断的请求标志位 TF_0 或 TF_1,CPU 以此标志位是否置位来判断是否有定时中断请求。这类中断请求是发生在单片机芯片内部的,所以在单片机芯片上不用设置中断请求信号的输入端。

在单片机中有两个特殊功能寄存器 TMOD 和 TCON 与定时/计数有关,在写程序时就可直接用 TMOD 和 TCON 这个名称来指定它们,也可用它们的地址 89H 和 88H 来指定它们。

从图 3.3 可以看出,TMOD 被分成两部分,每部分 4 位,分别用于控制 T_1 和 T_0。

用于 T_1			用于 T_0		
GATE	$\overline{CLT}$ M_1	M_0	GATE	$\overline{CLT}$ M_1	M_0

图 3.3 特殊功能寄存器 TMOD

从图 3.4 可以看出,TCON 也被分成两部分,高 4 位用于定时/计数器,低 4 位则用于中断。

用于定时/计数器			用于中断		
TF_1	TR_1 TF_0	TR_0	TE_1	IT_1 IE_0	IT_0

图 3.4 特殊功能寄存器 TCON

2. 定时/计数器的 4 种工作方式

(1)工作方式 0:定时器/计数器的工作方式 0 称之为 13 位定时/计数方式。它由 TL 的低 5 位和 TH 的 8 位构成 13 位的计数器,此时 TL 的高 3 位未用。

(2)工作方式 1:该工作方式称为 16 位的定时/计数方式,将 M_1M_0 设为 01 即可,其他特性与工作方式 0 相同。

(3)工作方式 2:在该工作方式下,只有低 8 位参与计数,而高 8 位不参与计数,用作预置数的存放。通常这种工作方式用于波特率发生器。

(4)工作方式 3:这种工作方式之下,定时/计数器 0 被拆成 2 个独立的定时/计数器来用。其中,TL_0 可以构成 8 位的定时器或计数器的工作方式,而 TH_0 则只能作为定时器来用。一般情况下,只有在 T_1 以工作方式 2 运行(当波特率发生器用)时,才让 T_0 工作于方式 3。

3. 定时器/计数器的定时/计数范围

(1)工作方式 0:13 位定时/计数方式。

(2)工作方式 1:16 位定时/计数方式。

(3)工作方式 2 和工作方式 3:都是 8 位的定时/计数方式。

(4)预置值计算:用最大计数量减去需要的计数次数即可。

三、实验器材

(1)超想-3000TB 综合实验仪:1 台。

(2)计算机:1 台。

(3)Keil 仿真软件:1 套。

(4)导线:若干根。

(5)超想 3000 仿真器:1 台。

四、实验内容

定时/计数器 0 对外部输入的脉冲进行计数,并送显示器显示。

五、实验原理

MCS-51 有两个 16 位的定时/计数器:T_0 和 T_1。计数和定时实质上都是对脉冲信号进行计数,只不过脉冲源不同而已。当工作在定时方式时,计数脉冲来自单片机的内部,每个机器周期使计数器加 1,由于计数脉冲的频率是固定的(即每个脉冲为 1 个机器周期的时间),故可通过设定计数值来实现定时功能。当工作在计数方式时,计数脉冲来自单片机的引脚,每当引脚上出现一个由 1 到 0 的电平变化时,计数器的值加 1,从而实现计数功能。可以通过编程来指定计数器的功能和工作方式。读取计数器的当前值时,应读 3 次。这样可以避免在第一次读完后,第二次读之前,由于低位溢出向高位进位时的错误。

六、实验线路

用连线把“总线插孔”的 P3.4 孔连在“脉冲源”的“输出”孔上,执行程序,按动 TR_3 带锁按钮,观察数码管上计数脉冲的个数。

实验线路如图 3.5 所示。

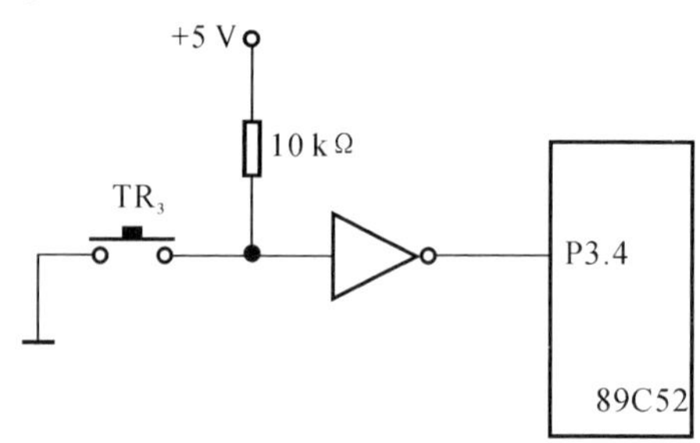

图 3.5　脉冲计数实验线路

七、实验步骤

(1)根据原理图连接各器件。

(2)编写程序。

(3)打开 Keil 软件界面。

(4)在“Project”下创建一个新工程。

(5)为工程选择目标设备即“Select Device for Target”。

(6)输出设置:在 target 1 下右击鼠标,选择“options for Target ‘target 1’”。Output 设置:选中编译后生成的可执行代码文件,即扩展名为 .hex 的文件。Debug 设置:选择硬件仿真。

(7)建立程序文件。

(8)录入、编辑程序文件。

(9)保存文件,汇编语言文件类型扩展名为“.asm”,C 语言文件类型扩展名为“.c”。

(10)添加程序文件到工程中。

(11)程序编译、链接、排错。

(12)运行程序:连续执行,按脉冲开关,观察数码管上计数脉冲的个数的变化。

八、结果分析

略。

九、思考问题

把 P3.4 孔分别与“脉冲源”的 2 MHz,1 MHz,0.5 MHz 孔相连时,显示值反而比连 0.25 MHz 孔更慢,为什么?当 $f_{osc}=6$ MHz 时,能够计数的脉冲信号最高频率为多少?

第 4 章　C51 程序设计实验

4.1　程控循环灯

一、实验目的

(1)学习单片机基本 I/O 口的应用。

(2)掌握延时程序的设计方法。

二、预备知识

1. I/O 口特点

(1)P_0 口的特点。P_0 口是一个双功能的端口:地址/数据分时复用口和通用 I/O 口。具有高电平、低电平和高阻抗 3 种状态的 I/O 端口称为双向 I/O 端口。P_0 口用作地址/数据总线复用口时,相当于一个真正的双向 I/O 口。而用作通用 I/O 口时,由于引脚上需要外接上拉电阻,端口不存在高阻(悬空)状态,此时 P_0 口只是一个准双向口。为保证引脚上的信号能正确读入,在读入操作前应首先向锁存器写 1;单片机复位后,锁存器自动被置 1。一般情况下,如果 P_0 口已作为地址/数据复用口时,就不能再用作通用 I/O 口使用。P_0 口能驱动 8 个 TTL 负载。

(2)P_1 口的特点。P_1 口由于有内部上拉电阻,没有高阻抗输入状态,所以称为准双向口。作为输出口时,不需要再在片外接上拉电阻。P_1 口读引脚输入时,必须先向锁存器写入 1,其原理与 P_0 口相同;P_1 口能驱动 4 个 TTL 负载。

(3)P_2 口的特点。P_2 口用作高 8 位地址输出应用时,与 P_0 口输出的低 8 位地址一起构成 16 位的地址总线,可以寻址 64 KB 地址空间。当 P_2 口作高 8 位地址输出口时,其输出锁存器原锁存的内容保持不变。作为通用 I/O 口使用时,P_2 口为准双向口,功能与 P_1 口一样。P_2 口能驱动 4 个 TTL 负载。

(4)P_3 口的特点。P_3 口内部有上拉电阻,不存在高阻输入状态,是一个准双向口。P_3 口作第二功能的输出/输入或作通用输入时,均需将相应的锁存器置 1。实际应用中,由于复位后 P_3 口锁存器自动置 1,已满足第二功能运作条件,所以可以直接进行第二功能操作。P_3 口的某位不作为第二功能使用时,则自动处于通用输出/输入口功能,可作为通用输出/输入口使用。作通用输出/输入口使用时,输入信号取自缓冲器 BUF_2 的输出端;作第二功能使用时,输入信号取自缓冲器 BUF_3 的输出端。P_3 口能驱动 4 个 TTL 负载。

2. 子程序

子程序是单片机应用程序必不可少的部分。在实际应用中,有些通用性的问题在一个程序中可能要使用多次,而编写出来的程序段是完全相同的。为了避免重复,使程序结构紧凑,阅读和调试更加方便,往往将其从主程序中独立出来,设计成为子程序的形式,供程序运行时随时调用。

子程序的结构与主程序基本相同,其区别在于它的执行是由其他程序来调用的,执行完后仍要返回到调用它的主程序去。

在调用子程序时,应注意以下事项:

(1)对于在调用主程序前已经使用了的某些存储单元和寄存器,若在调用时需要将它们用作其他用途,那么应先把这些单元或寄存器中的内容压入堆栈保护起来(现场保护),调用完后再从堆栈中弹出(现场恢复)。保护和恢复可在主程序中实现,也可在子程序中实现。

(2)在调用子程序时,主程序应通过某种方式把有关的参数(子程序的入口参数)传给子程序,子程序执行完毕后,又需要通过某种方式把有关的参数(子程序的出口参数)传给主程序。入口参数和出口参数的传递可通过累加器、寄存器、存储单元和堆栈来实现。

(3)子程序可以嵌套。

三、实验器材

(1)超想-3000TB 综合实验仪:1 台。

(2)计算机:1 台。

(3)Keil 仿真软件:1 套。

(4)导线:若干根。

(5)超想 3000 仿真器:1 台。

四、实验原理

由 80C51 组成的单片机系统通常情况下,P_0 口分时复用作为地址、数据总线,P_2 口提供 A_{15}～A_8 即高 8 位地址,P_3 口用作第二功能,只有 P_1 口通常用作 I/O 口。8051 的 P_1 口作为基本 I/O 口使用,P_1 口是 8 位准双向口,它的每一位都可独立地定义为输入或输出,因此,P_1 口既可作为 8 位的并行 I/O 口,也可作为 8 位的输入/输出端。

五、实验内容

以 80C51 的 P_1 口作为输出口,接 8 只发光二极管,用软件控制使其循环点亮。

六、实验线路

实验线路如图 4.1 所示。

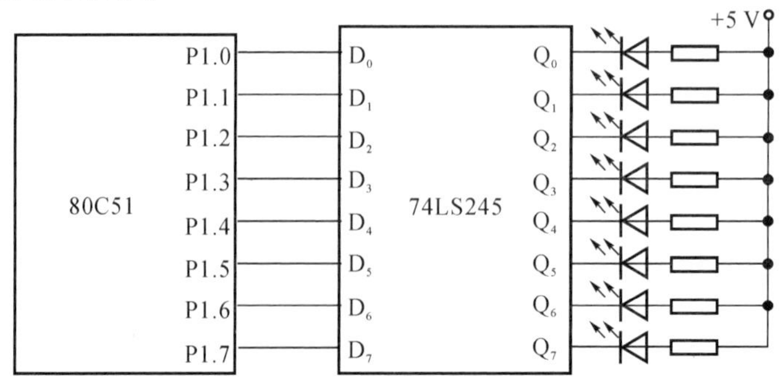

图 4.1 程序控制循环灯实验路线

七、实验步骤

(1)根据原理图连接各器件。
(2)编写程序。
(3)打开 Keil 软件界面。
(4)在"Project"下创建一个新工程。
(5)为工程选择目标设备即"Select Device for Target"。
(6)输出设置:在 target 1 下右击鼠标,选择"options for Target 'target 1'"。Output 设置:选中编译后生成的可执行代码文件,即扩展名为 .hex 的文件。Debug 设置:选择硬件仿真。
(7)建立程序文件。
(8)录入、编辑程序文件。
(9)保存文件,汇编语言文件类型扩展名为".asm",C 语言文件类型扩展名为".c"。
(10)添加程序文件到工程中。
(11)程序编译、链接、排错。
(12)运行程序:连续执行,观察实验仪上 LED 的变化。

八、结果分析

略。

九、思考题

(1)使发光二极管由两边向中间点亮并循环,如何修改程序?
(2)总结延时程序的编程方法。

十、参考程序

```
/******************** LED 程控循环灯 *************
实现现象:下载程序后 LED 呈现循环流水灯效果进行左移右移滚动
注意事项:无
*************************************************/
#include "reg52.h"            //此文件中定义了单片机的一些特殊功能寄存器
#include<intrins.h>           //因为要用到左右移函数,所以加入这个头文件
typedef unsigned int u16;     //对数据类型进行声明定义
typedef unsigned char u8;
#define led P1                //将 P1 口定义为 led,后面就可以使用 led 代替 P1 口
/************************************************
* 函数名:delay
* 函数功能:延时函数,i=1 时,大约延时 10μs
************************************************/
void delay(u16 i)
{
```

```
  while(i--);
}
/*************************************
* 函数名:main
* 函数功能:主函数
* 输入:无
* 输出:无
*************************************/
void main()
{
  u8 i;
  led=0xfe;
  delay(50000);               //大约延时 450ms
  while(1)
  {
/*    for(i=0;i<8;i++)
      {
      P1=~(0x01<<i);          //将 1 右移 i 位,然后将结果取反赋值到 P2 口
      delay(50000);           //大约延时 450ms
    }
    */
    for(i=0;i<7;i++)          //将 led 左移一位
    {
      led=_crol_(led,1);
      delay(50000);           //大约延时 450ms
    }
    for(i=0;i<7;i++)          //将 led 右移一位
    {
      led=_cror_(led,1);
      delay(50000);           //大约延时 450ms
    }
  }
}
```

4.2 音乐编程器

一、实验目的

(1)了解发出不同音调声音的编程方法。

(2)掌握定时/计数器、中断的综合应用。

二、预备知识

1. 中断的定义

CPU 暂时中止现行的程序,转而去对随机发生的、更紧迫的事件进行处理(中断服务程序),处理完毕,CPU 自动又返回原来的程序继续运行。

2. 中断源

中断源指能发出中断请求,引起中断的装置或事件。80C51 单片机的中断源共有 5 个,其中 2 个为外部中断源,3 个为内部中断源。

(1)INT_0:外部中断 0,中断请求信号由 P3.2 输入。

(2)INT_1:外部中断 1,中断请求信号由 P3.3 输入。

(3)T_0:定时/计数器 0 溢出中断,对外部脉冲计数由 P3.4 输入。

(4)T_1:定时/计数器 1 溢出中断,对外部脉冲计数由 P3.5 输入。

(5)串行中断:包括串行接收中断 RI 和串行发送中断 TI。

3. 80C51 的中断控制寄存器

80C51 单片机中涉及中断控制的有三方面 4 种特殊功能寄存器。

(1)中断请求:定时和外中断控制寄存器 TCON;串行控制寄存器 SCON。

(2)中断允许控制寄存器 IE。

(3)中断优先级控制寄存器 IP。

4. 80C51 的中断入口地址

80C51 有 5 个中断入口地址,即 INT_0:0003H;T_0:000BH;INT_1:0013H;T_1:001BH;串行口:0023H。

三、实验器材

(1)超想-3000TB 综合实验仪:1 台。

(2)计算机:1 台。

(3)Keil 仿真软件:1 套,

(4)导线:若干根。

(5)超想 3000 仿真器:1 台。

四、实验内容

利用 MSC-51 单片机的定时/计数器及中断的概念,设计一音乐编程器,用 P3.0 口发出音频脉冲,驱动喇叭,演奏 1 首音乐。

五、实验原理

声音是由振动产生的,每个音符都对应了一个频率,如表 4.1 所示。利用定时/计数器 T_0 工作方式 1,通过改变 TH_0 和 TL_0 的值,就可以产生不同频率的脉冲。例如想产生 523Hz(音符 1 的发音)的脉冲,其周期为 1/523=1 912μs。由于 t=周期/2=956μs,因此只要让 T_0 定时 956μs 后,使 P3.0 取反,就可以在 P3.0 引脚上输出一个频率为 523Hz 的脉冲。

定时初值可由 $T=2^{16}-\frac{t}{12}f_{\text{osc}}$ 计算。

表 4.1　音频输出表

音符	频率/Hz	T 值	音符	频率/Hz	T 值
$\underset{\cdot}{1}$	262	64 582	1	524	65 059
$\underset{\cdot}{2}$	294	64 685	2	578	65 110
$\underset{\cdot}{3}$	330	64 778	3	659	65 156
$\underset{\cdot}{4}$	349	64 819	4	698	65 178
$\underset{\cdot}{5}$	392	64 898	5	784	65 217
$\underset{\cdot}{6}$	440	64 968	6	880	65 252
$\underset{\cdot}{7}$	494	65 030	7	988	65 283

注：表中 $f_{\text{osc}}=6$ MHz。

六、实验步骤

(1)把 P3.0 用连线连至“音响与合成”框 LM386 的 Vin1 插孔上。

(2)编写程序。

(3)打开 Keil 软件界面。

(4)在“Project”下创建一个新工程。

(5)为工程选择目标设备即“Select Device for Target”。

(6)输出设置:在 target 1 下右击鼠标,选择“options for Target ‘target 1’”。Output 设置:选中编译后生成的可执行代码文件,即扩展名为 .Hex 的文件。Debug 设置:选择硬件仿真。

(7)建立程序文件。

(8)录入、编辑程序文件。

(9)保存文件,汇编语言文件类型扩展名为“.asm”,C 语言文件类型扩展名为“.c”。

(10)添加程序文件到工程中。

(11)程序编译、链接、排错。

(12)运行程序:连续执行,按脉冲开关观察实验仪上音响的变化。

七、结果分析

略。

八、参考程序

```
/* 三个数字一组,代表一个音符。
第一个数字是 1234567 之一,代表音符哆来咪发...;
第二个数字是 0123 之一,代表低音、中音、高音、超高音;
第三个数字是半拍的个数,代表时间长度。 */
#include "reg52.h"                          //头文件调用
sbit speaker = P3^0;                        //定义蜂鸣器
```

```
unsigned char timer0h, timer0l;                              //音调高低
unsigned char time;                                          //一个音符的时间
//---------------------------------------------------------
//单片机晶振采用 11.0592 MHz
// 频率-半周期数据表 高八位 本软件共保存了四个八度的 28 个频率数据
code unsigned char FREQH[] = {
0xF2, 0xF3, 0xF5, 0xF5, 0xF6, 0xF7, 0xF8,                    //低音 1234567
0xF9, 0xF9, 0xFA, 0xFA, 0xFB, 0xFB, 0xFC, 0xFC,              //1,2,3,4,5,6,7,i
0xFC, 0xFD, 0xFD, 0xFD, 0xFD, 0xFE,                          //高音 234567
0xFE, 0xFE, 0xFE, 0xFE, 0xFE, 0xFE, 0xFF};                   //超高音 1234567
// 频率-半周期数据表 低八位
code unsigned char FREQL[] = {
0x42, 0xC1, 0x17, 0xB6, 0xD0, 0xD1, 0xB6,                    //低音 1234567
0x21, 0xE1, 0x8C, 0xD8, 0x68, 0xE9, 0x5B, 0x8F,              //1,2,3,4,5,6,7,i
0xEE, 0x44, 0x6B, 0xB4, 0xF4, 0x2D,                          //高音 234567
0x47, 0x77, 0xA2, 0xB6, 0xDA, 0xFA, 0x16};                   //超高音 1234567
//---------------------------------------------------------
//世上只有妈妈好数据表 要想演奏不同的乐曲,只需要修改这个数据表
code unsigned char sszymmh[] = {
6, 2, 3, 5, 2, 1, 3, 2, 2, 5, 2, 2, 1, 3, 2, 6, 2, 1, 5, 2, 1,
//一个音符有三个数字。前为第几个音、中为第几个八度、后为时长(以半拍为单位)。
//6, 2, 3 分别代表:6, 中音, 3 个半拍;
//5, 2, 1 分别代表:5, 中音, 1 个半拍;
//3, 2, 2 分别代表:3, 中音, 2 个半拍;
//5, 2, 2 分别代表:5, 中音, 2 个半拍;
//1, 3, 2 分别代表:1, 高音, 2 个半拍;
//
6, 2, 4, 3, 2, 2, 5, 2, 1, 6, 2, 1, 5, 2, 2, 3, 2, 2, 1, 2, 1,
6, 1, 1, 5, 2, 1, 3, 2, 1, 2, 2, 4, 2, 2, 3, 3, 2, 1, 5, 2, 2,
5, 2, 1, 6, 2, 1, 3, 2, 2, 2, 2, 1, 2, 4, 5, 2, 3, 3, 2, 1,
2, 2, 1, 1, 2, 1, 6, 1, 1, 1, 2, 1, 5, 1, 6, 0, 0, 0};
//《烟花易冷》
unsigned char code song1[]={
        5,2,1, 3,2,1, 2,2,2, 2,2,4, 3,2,1, 1,2,1, 2,2,1, 3,2,4,
        5,2,1, 3,2,1, 2,2,2, 2,2,2, 5,1,1, 3,2,1, 4,2,1, 3,2,4,
        3,2,1, 3,2,1, 7,2,1, 3,2,1, 2,2,2, 1,2,1, 7,1,1, 1,2,1,
        2,2,1, 3,2,1, 6,2,3, 6,1,1, 1,2,1, 3,2,1, 2,2,1, 6,1,1,
        1,2,1, 7,1,1, 5,1,1, 6,1,6, 5,2,1, 3,2,1, 2,2,2, 2,2,1,
        2,2,1, 3,2,1, 1,2,1, 2,2,1, 3,2,4, 5,2,1, 3,2,1, 2,2,2,
```

```
        2,2,1, 2,2,1, 5,1,1, 3,2,1, 4,2,1, 3,2,4, 3,2,1, 3,2,1,
        7,2,3, 3,2,1, 2,2,2, 1,2,1, 7,1,1, 1,2,1, 2,2,1, 3,2,1,
        6,2,3, 6,1,1, 1,2,1, 3,2,1, 2,2,1, 6,1,1, 1,2,1, 7,1,2,
        5,1,2, 6,1,6, 0,0,0 };
//-------------------------------------------
void t0int() interrupt 1                //T0 中断程序,控制发音的音调
{
    TR0 = 0;                            //先关闭 T0
    speaker = ! speaker;                //输出方波，发音
    TH0 = timer0h;                      //下次的中断时间，这个时间，控制音调高低
    TL0 = timer0l;
    TR0 = 1;                            //启动 T0
}
//-------------------------------------------
void delay(unsigned char t)             //延时程序,控制发音的时间长度
{
    unsigned char t1;
    unsigned long t2;
    for(t1 = 0; t1 < t; t1++)           //双重循环，共延时 t 个半拍
    for(t2 = 0; t2 < 8000; t2++);       //延时期间，可进入 T0 中断去发音
    TR0 = 0;                            //关闭 T0，停止发音
}
//-------------------------------------------
void song()                             //演奏一个音符
{
    TH0 = timer0h;                      //控制音调
    TL0 = timer0l;
    TR0 = 1;                            //启动 T0，由 T0 输出方波去发音
    delay(time);                        //控制时间长度
}
//-------------------------------------------
void main(void)
{
    unsigned char k, i;
    TMOD = 1;                           //置 T0 定时工作方式 1
    ET0 = 1;                            //开 T0 中断
    EA = 1;                             //开 CPU 中断
    while(1)
    {
```

```
        i = 0;
        time = 1;
        while(time)
        {
          k = song1[i] + 7 * song1[i + 1] - 1;
                                        //第 i 个是音符，第 i+1 个是第几个八度
          timer0h = FREQH[k];           //从数据表中读出频率数值
          timer0l = FREQL[k];           //实际上，是定时的时间长度
          time = song1[i + 2];          //读出时间长度数值
          i += 3;
          song();                       //发出一个音符
        }
    }
}
```

4.3　串/并转换

一、实验目的

(1)掌握 MCS-51 单片机串行口方式 0 时的工作原理。

(2)了解方式 0 时的应用,即通过串行口扩展输出口,进行静态显示的方法。

(3)掌握串行移位寄存器芯片 74LS164 的工作原理。

二、预备知识

1. 串行口特殊功能寄存器

(1)串行数据缓冲器 SBUF。在逻辑上只有一个,既做发送寄存器,又做接收寄存器,具有同一个单元地址 99H,用同一寄存器名 SBUF。在物理上有两个,一个是发送缓冲寄存器,另一个是接收缓冲寄存器。

发送时,只需将发送数据输入 SBUF,CPU 将自动启动和完成串行数据的发送;接收时,CPU 将自动把接收到的数据存入 SBUF,用户只需从 SBUF 中读出接收数据。

(2)串行控制寄存器 SCON。其各位含义及功能见表 4.2。

表 4.2　串行控制寄存器 SCON

SCON	D_7	D_6	D_5	D_4	D_3	D_2	D_1	D_0
位名称	SM_0	SM_1	SM_2	REN	TB_8	RBm8	TI	RI
位地址	9FH	9EH	9DH	9CH	9BH	9AH	99H	98H
功能	工作方式选择		多机通信控制	接收允许	发送第 9 位	接收第 9 位	发送中断	接收中断

注:(1)SM_0,SM_1—— 串行口工作方式选择位。

(2)SM_2—— 多机通信控制位。

(3)REN —— 允许接收控制位。REN=1,允许接收。

(4)TB_8—— 方式2和方式3中要发送的第9位数据。

(5)RB_8—— 方式2和方式3中要接收的第9位数据。

(6)TI —— 发送中断标志。

(7)RI —— 接收中断标志。

(3)电源控制寄存器PCON。其各位含义及功能见表4.3。

表4.3 电源控制寄存器PCON

PCON	D_7	D_6	D_5	D_4	D_3	D_2	D_1	D_0
位名称	SMOD	—	—	—	GF_1	GF_0	PD	IDL

SMOD=1,串行口波特率加倍。PCON寄存器不能进行位寻址。

2. 串行工作方式0

80C51串行通信共有4种工作方式,由串行控制寄存器SCON中SM_0,SM_1决定。

(1)串行工作方式0(同步移位寄存器工作方式)。以RXD(P3.0)端作为数据移位的输入/输出端,以TXD(P3.1)端输出移位脉冲。移位数据的发送和接收以8位为一帧,不设起始位和停止位,无论输入输出,均低位在前、高位在后。

方式0可将串行输入/输出数据转换成并行输入/输出数据。数据发送,串行口作为并行输出口使用时,要有"串入并出"的移位寄存器配合。在移位时钟脉冲(TXD)的控制下,数据从串行口RXD端逐位移入74LS164的A,B端。8位数据全部移出后,SCON寄存器的TI位被自动置1。其后74LS164的内容即可并行输出。74LS164的CLR为清0端,输出时CLR必须为1,否则74LS164 Q_A~Q_H输出为0。

(2)波特率。方式0波特率固定,为单片机晶振频率的1/12。

三、实验器材

(1)超想-3000TB综合实验仪:1台。

(2)Keil仿真软件:1套。

(3)计算机:1台。

(4)连线:若干根。

(5)74LS164芯片:1片。

(6)LED显示器:1个。

(7)超想3000仿真器:1台。

四、实验内容

利用MCS-51的串行口设计1个1位LED显示牌,使LED循环依次显示0~F。

五、实验原理

MCS-51单片机除了具有4个8位并行口外,还具有1个全双工的串行通信接口,该接口有4种工作方式。本实验中通过74LS164实现串入并出。

六、实验线路

本实验线路如图4.2所示。

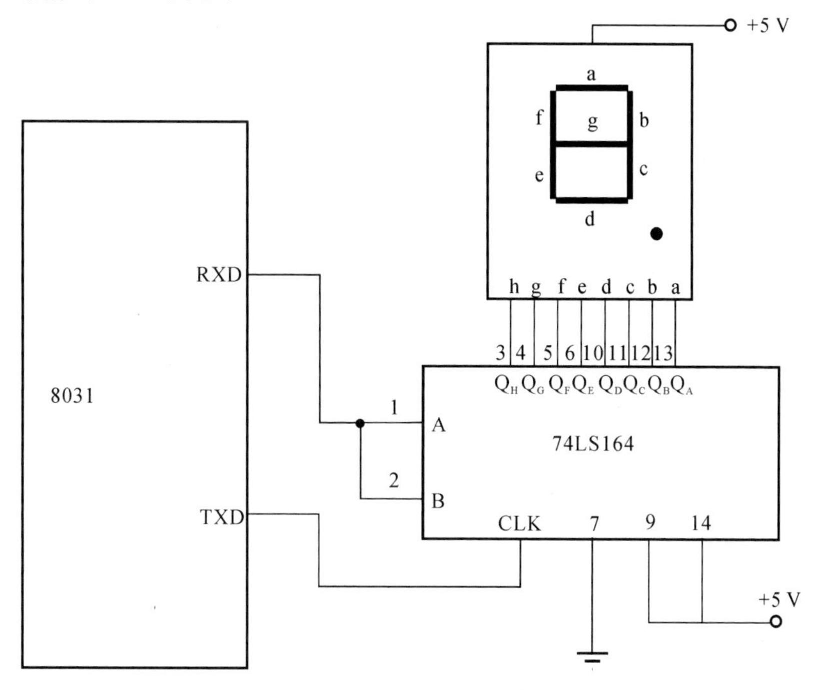

图4.2 串/并转换实验线路

七、实验步骤

(1)根据原理图连接各器件。

(2)编写程序。

(3)打开 Keil 软件界面。

(4)在"Project"下创建一个新工程。

(5)为工程选择目标设备即"Select Device for Target"。

(6)输出设置:在 target 1 下右击鼠标,选择"options for Target 'target 1'"。Output 设置:选中编译后生成的可执行代码文件,即扩展名为 .hex 的文件。Debug 设置:选择硬件仿真。

(7)建立程序文件。

(8)录入、编辑程序文件。

(9)保存文件,汇编语言文件类型扩展名为". asm",C 语言文件型扩展名为". c"。

(10)添加程序文件到工程中。

(11)程序编译、链接、排错。

(12)运行程序:连续执行,观察实验仪上外接 LED 的变化。

八、结果分析

略。

九、思考题

设计一个两位数的秒表。

十、参考程序

```
//程序功能:实现在数码管上显示数字 0～9 的功能
#include "reg51.h"              //包含头文件 reg51.h,定义 51 单片机的专用寄存器
unsigned char da[]={0xC0,0xF9,0xA4,0xB0,0x99,0x92,0x82,0x0F8,0x80,0x90};
                                //定义 0～9 的共阳极字型显示码
void delay (unsigned int i);    //延时函数声明
main()
{
    unsigned char i;
    P1=0xff;                    //P1.0 置 1,允许串行移位
    SCON=0x00;                  //设串行口方式 0
    while(1){
      for (i=0;i<8;i++)
      {SBUF=da[i];              //送显示数据
       TI=0;
       while(! TI);             //等待发送完毕
       delay(2000);
      }
    }
}
//函数名:delay
//函数功能:实现软件延时
//形式参数:无符号整型变量 i,控制空循环的循环次数
//返回值:无
void delay(unsignedint i)       //延时函数
{
    unsigned int k;
    for(k=0;k<i;k++);
}
```

4.4 八段数码管显示

一、实验目的

(1)了解数码管动态显示的原理。

(2)了解 74LS164 扩展端口的方法。

二、预备知识

LED(Light Emitting Diode,发光二极管)当外加电压超过额定电压值时发生击穿而发出可见光。LED 的工作电流通常为 2～20 mA,工作压降为 2 V 左右,使用时需加限流电阻。LED 发光器件一般常用的有两类:数码管和点阵。单片机应用系统通常使用八段数码管。

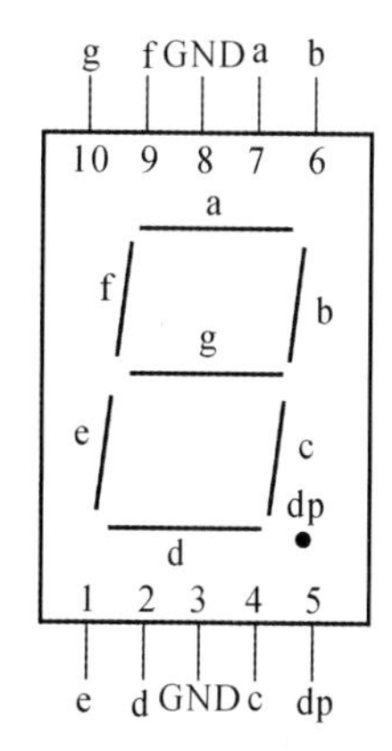

图 4.3　八段数码管

八段数码管(见图 4.3)又称 8 字型数码管,分为 8 段:a,b,c,d,e,f,g,dp,由 8 个发光二极管构成,其中 dp 为小数点。

数码管又可分为共阴极接法(8 个发光二极管的阴极接在一起)和共阳极接法(8 个发光二极管的阳极接在一起),如图 4.4 所示。通过对公共端(COM)接地或接高电平的控制,可使共阴极或共阳极数码管根据由 a～dp 引脚输入的代码来显示数字或符号。对数码管公共端的电位控制操作称为位选。

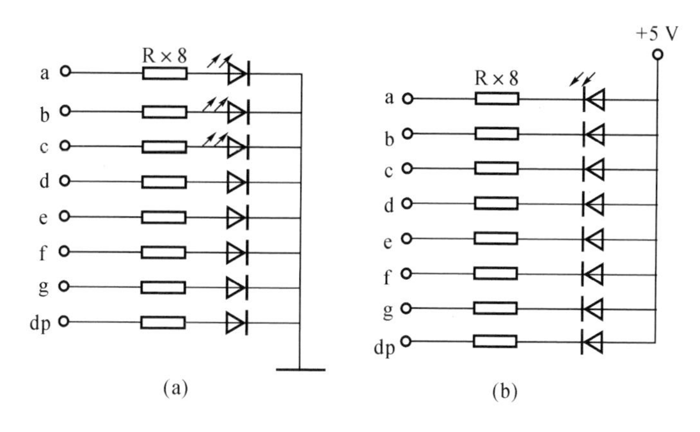

图 4.4　数码管的两种接法

(a)共阴极;　(b)共阳极

为了使数码管显示数字或符号,要为 LED 显示器提供代码,这些代码是为显示器显示字型的,所以也称之为字型代码、段选码。八段数码管由 8 个发光二极管的亮暗来构成字型,所以对应于 a～dp 的字型代码正好是一个字节,其对应关系见表 4.5。

表 4.5　代码位与显示段的对应关系

代码位	D_7	D_6	D_5	D_4	D_3	D_2	D_1	D_0
显示段	dp	g	f	e	d	c	b	a

应用中要将一个 8 位并行段选码送至 LED 显示器对应的引脚,送入的段选码不同,显示的数字或字符也不同。共阴极与共阳极的段选码互为反码,见表 4.6。

表 4.6　字型与段选码对应表

字型	共阴极段选码	共阳极段选码	字型	共阴极段选码	共阳极段选码
0	3FH	C0H	B	7CH	83H
1	06H	F9H	C	39H	C6H
2	5BH	A4H	D	5EH	A1H
3	4FH	B0H	E	79H	86H
4	66H	99H	F	71H	8EH
5	6DH	92H	P	73H	8CH
6	7DH	82H	U	3EH	C1H
7	07H	F8H	r	31H	CEH
8	7FH	80H	Y	6EH	91H
9	6FH	90H	8.	FFH	00H
A	77H	88H	灭	00H	FFH

三、实验器材

(1)超想-3000TB 综合实验:1 台。
(2)计算机:1 台。
(3)Keil 仿真软件:1 套。
(4)超想 3000 仿真器:1 台。
(5)连线:若干根。

四、实验要求

利用实验仪提供的显示电路,动态显示一行数据。

五、实验步骤

(1)本实验仪提供了八段码 LED 显示电路,学生只要按地址输出相应数据,就可以实现对显示器的控制。显示共有 6 位,用动态方式显示。74LS164 是串行输入并行输出转换芯片,串行输入的数据位由 8155 的 PB_0 控制,时钟位由 8155 的 PB_1 控制输出。写程序时,只要向数据位地址输出数据,然后向时钟位地址输出一高一低电平就可以将数据移到 74LS164 中,并且实现移位。向显示位选通地址输出高电平就可以点亮相应的显示位。本实验仪中数据位输出地址为 E102H,时钟位输出地址为 E102H,位选通输出地址为 E101H。本实验涉及 8155 IO/RAM 扩展芯片的工作原理以及 74LS164 器件的工作原理。

(2)其他操作步骤如前。

六、结果分析

略。

七、参考程序

```
//功能:6 位数码管动态显示"901225"
#include <reg51.h>              //包含头文件 reg51.h,定义 51 单片机的专用寄存器
#include <intrins.h>            //包含头文件 intrins.h,使用了内部函数_crol_()
void delay(unsignedint i);      //延时函数声明
void main()                     //主函数
{
  unsigned char led[]={0x90,0xc0,0xf9,0xa4,0xa4,0x92}; //设置数字 901225 字型码
  unsigned char i,w;
  while(1)
    {   w=0xfe;                 //位选码初值为 0xfe
        for(i=0;i<6;i++)
         {
           P1=0xff;             //关显示,共阳极数码管 0xff 熄灭
           P2=w;                //位选码送位选端 P2 口
           w=_crol_(w,1);       //位选码左移一位,选中下一位 LED
           P1=led[i];           //显示字型码并送 P1 口
           delay(100);          //延时
         }
    }
}
//函数名:delay
//函数功能:实现软件延时
//形式参数:无符号整型变量 i,控制空循环的循环次数
//返回值:无
void    delay(unsignedint i)    //延时函数
{
     unsigned int k;
     for(k=0;k<i;k++);    }
```

4.5　键盘扫描显示

一、实验目的

(1)掌握键盘和显示器的接口方法和编程方法。
(2)掌握键盘扫描和 LED 八段码显示器的工作原理。

二、预备知识

键盘是一种常见的输入设备,根据按键的识别方法分类,键盘有机器码型和非机器码型两

种。靠硬件识别按键的称机器码键盘,通过软件识别按键的称为非机器码键盘;根据键盘的结构分类,键盘可分为独立式按键键盘和行列式按键键盘。单片机系统中,一般使用的都是用软件来识别和产生键代码的非机器码键盘。所需按键较少时,多采用独立式按键键盘;所需按键较多时,通常把键排列成矩阵形式形成矩阵式键盘,也称为行列式键盘。

单片机与键盘的接口及其软件的任务主要包括以下几个方面:

(1)检测并判断是否有键按下;

(2)按键开关的延时去抖动功能;

(3)计算并确定按键的键值;

(4)根据程序计算出的键值进行一系列的动作处理和执行。

三、实验器材

(1)超想-3000TB综合实验仪:1台。

(2)计算机:1台。

(3)Keil仿真软件:1套。

(4)导线:若干条。

(5)超想3000仿真器:1台。

四、实验内容

在4.4节实验的基础上,利用实验仪提供的键盘扫描电路和显示电路,做一个扫描键盘和数码显示实验,把按键输入的键码在6位数码管上显示出来。

五、实验步骤

(1)本实验仪提供了一个6×4的小键盘,向列扫描码地址(0E101H)逐列输出低电平,然后从行码地址(0E103H)读回。如果有键按下,则相应行的值应为低;如果无键按下,由于上拉的作用,行码为高电平。这样就可以通过输出的列码和读取的行码来判断按下的是什么键。在判断有键按下后,要有一定的延时,防止键盘抖动。列扫描码还可以分时用作LED的位选通信号。

(2)其他操作步骤如前。

六、结果分析

略。

七、参考程序

```
/*****************矩阵按键实验*****************
实验:数码管显示0,按下矩阵按键上的按键显示对应的数字
                    S1 - S4:0 - 3
                    S5 - S8:4 - 7
                    S9 - S12:8 - B
                    S13 - S16:C - F
```

```
*************************************/
#include "reg52.h"                 //此文件中定义了单片机的一些特殊功能寄存器
typedef unsigned int u16;          //对数据类型进行声明定义
typedef unsigned char u8;
#define GPIO_DIG P0
#define GPIO_KEY P1
sbit LSA=P2^2;
sbit LSB=P2^3;
sbit LSC=P2^4;
u8KeyValue;                                  //用来存放读取到的键值
u8 codesmgduan[17]={0x3f,0x06,0x5b,0x4f,0x66,0x6d,0x7d,0x07,
                 0x7f,0x6f,0x77,0x7c,0x39,0x5e,0x79,0x71};  //显示 0~F 的值
/*************************************
* 函数名:delay
* 函数功能:延时函数,i=1 时,大约延时 10μs
*************************************/
void delay(u16 i)
{
    while(i--);
}
/*************************************
* 函数名:KeyDown
* 函数功能:检测有按键按下并读取键值
* 输入:无
* 输出:无
*************************************/
void KeyDown(void)
{
  char a=0;
  GPIO_KEY=0x0f;
  if(GPIO_KEY! =0x0f)                        //读取按键是否按下
  {
    delay(1000);                             //延时 10 ms 进行消抖
    if(GPIO_KEY! =0x0f)                      //再次检测键盘是否按下
    {
      //测试列
      GPIO_KEY=0X0F;
      switch(GPIO_KEY)
      {
```

```
            case(0X07):KeyValue=0;break;
            case(0X0b):KeyValue=1;break;
            case(0X0d): KeyValue=2;break;
            case(0X0e):KeyValue=3;break;
          }
          //测试行
          GPIO_KEY=0XF0;
          switch(GPIO_KEY)
          {
            case(0X70):KeyValue=KeyValue;break;
            case(0Xb0):KeyValue=KeyValue+4;break;
            case(0Xd0): KeyValue=KeyValue+8;break;
            case(0Xe0):KeyValue=KeyValue+12;break;
          }
          while((a<50)&&(GPIO_KEY! =0xf0))          //检测按键松手检测
          {
            delay(1000);
            a++;
          }
        }
      }
}
/************************************
* 函数名:main
* 函数功能:主函数
* 输入:无
* 输出:无
************************************/
void main()
{
  LSA=0;                                         //给一个数码管提供位选
  LSB=0;
  LSC=0;
  while(1)
  {
    KeyDown();                                   //按键判断函数
    GPIO_DIG=smgduan[KeyValue];
  }
}
```

4.6　双机通信

一、实验目的

(1)掌握单片机串行口工作方式的程序设计及简单三线式通信的方法。
(2)了解实现串行通信的硬件环境、数据格式的协议、数据交换的协议。
(3)学习串行口通信的中断方式程序的编写方法。

二、预备知识

串行工作方式 1 是一帧 10 位的异步串行通信方式,包括 1 个起始位,8 个数据位和 1 个停止位。

(1)数据发送。发送时只要将数据写入 SBUF,在串行口由硬件自动加入起始位和停止位,构成一个完整的帧格式。然后在移位脉冲的作用下,由 TXD 端串行输出。一帧数据发送完毕,将 SCON 中的 TI 置 1。

(2)数据接收。接收时,在 REN=1 的前提下,当采样到 RXD 从 1 向 0 跳变状态时,就认定为已接收到起始位。随后在移位脉冲的控制下,将串行接收数据移入 SBUF 中。一帧数据接收完毕,将 SCON 中的 RI 置 1,表示可以从 SBUF 取走接收到的一个字符。

(3)波特率。方式 1 波特率可变,由定时/计数器 T_1 的计数溢出率来决定。

$$波特率 = 2^{SMOD} \times (T_1 溢出率)/32$$

其中,SMOD 为 PCON 寄存器中最高位的值,SMOD=1 表示波特率倍增。

在实际应用时,通常是先确定波特率,后根据波特率求 T_1 定时初值,因此上式又可写为

$$T_1 初值 = 256 - \frac{2^{SMOD}}{32} \times \frac{f_{ocs}}{12 \times 波特率}$$

三、实验器材

(1)超想-3000TB 综合实验仪:1 台。
(2)计算机:1 台。
(3)Keil 仿真软件:1 套。
(4)超想 3000 仿真器:1 台。
(5)连线:若干根。

四、实验内容

利用 89C52 单片机串行口,实现两个实验台之间的串行通信。其中一个实验台作为发送方,另一个则为接收方。发送方读入按键值,并发送给接收方,接收方收到数据后在 LED 上显示。

五、接线方案

本实验线路如图 4.5 所示。

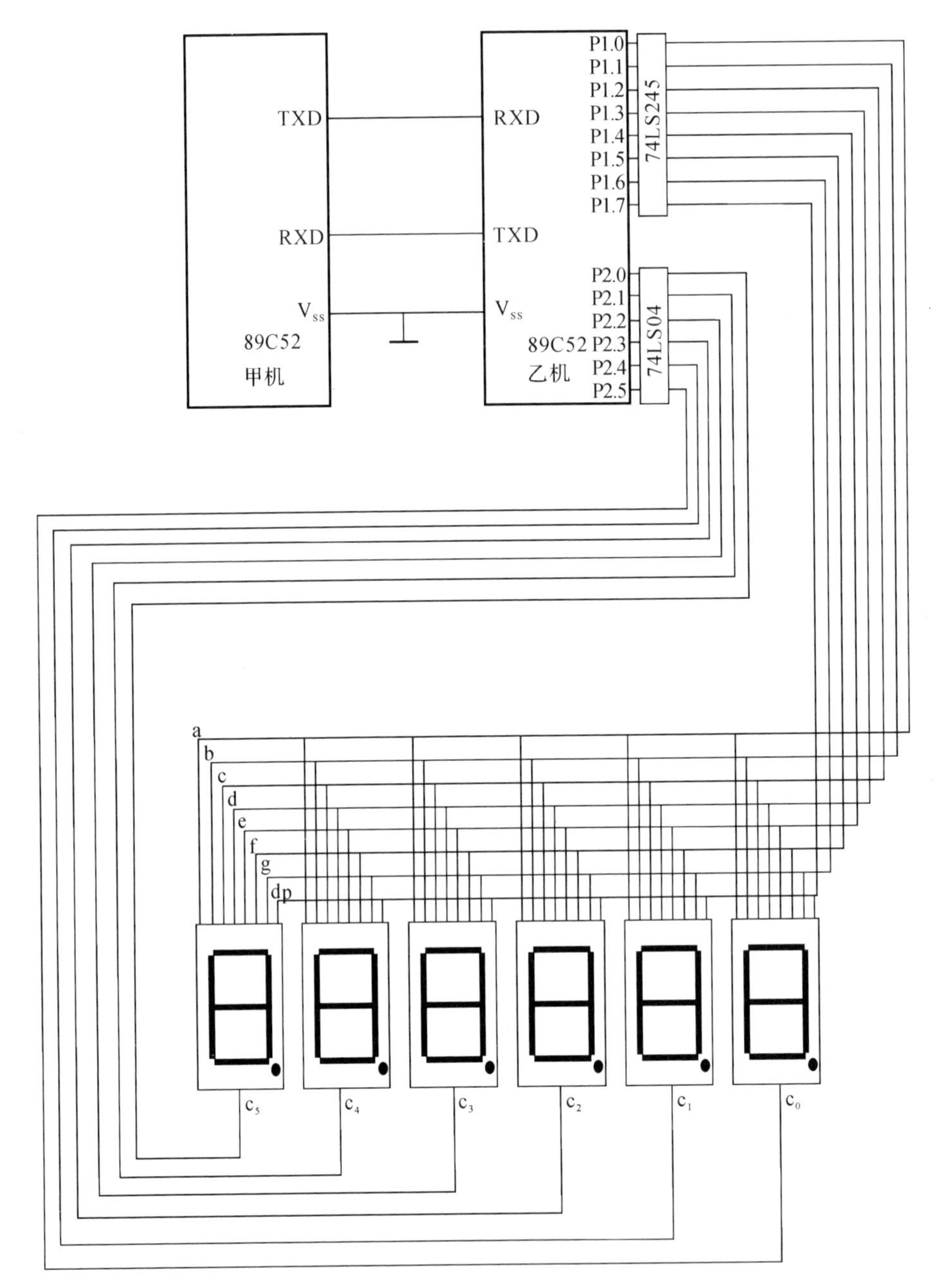

图 4.5　双机通信实验线路

六、实验步骤

(1)按图 4.5 图接线。
(2)编写发送或接收程序。
(3)其他操作步骤如前。

七、结果分析

略。

八、参考程序

```
//程序:jia.c
//功能:甲机发送数据程序,采用查询方式实现
#include <reg51.h>                //包含头文件 reg51.h,定义 51 单片机的专用寄存器
void main()                       //主函数
{
    unsigned char i;
    unsigned char send[]={9,3,5,4,6,7};   //定义要发送的动态口令数据
    TMOD=0x20;                            //定时器 T1 工作于方式 2
    TL1=0xf4;                             //波特率为 2400b/s
    TH1=0xf4;
    TR1=1;
    SCON=0x40;                            //定义串行口工作于方式 1
    for (i=0;i<6;i++)
    {
      SBUF=send[i];                       // 发送第 i 个数据
      while(TI==0);                       // 查询等待发送是否完成
      TI=0;                               // 发送完成,TI 由软件清 0
    }
    while(1);
}
//*****************************************************************************
//程序:yi.c
//功能:乙机接收及显示程序,采用查询方式实现
#include <reg51.h>                //包含头文件 reg51.h,定义 51 单片机的专用寄存器
code unsigned char tab[]={0xc0,0xf9,0xa4,0xb0,0x99,0x92,0x82,0xf8,0x80,0x90};
                                          //定义 0~9 共阳极显示字型码
unsigned char buffer[]={0x00,0x00,0x00,0x00,0x00,0x00};   //定义接收数据缓冲区
voiddisp(void);                           //显示函数声明
void main()                               //主函数
{
    unsigned char i;
    TMOD=0x20;                            //定时器 T1 工作于方式 2
    TL1=0xf4;                             //波特率定义
    TH1=0xf4;
    TR1=1;
```

```
    SCON=0x40;                          //定义串行口工作于方式 1
    REN=1;                              //接收允许
    for(i=0;i<6;i++)
    {
        while(RI==0);                   //查询等待,RI 为 1 时,表示接收到数据
        buffer[i]=SBUF;                 //接收数据
        RI=0;                           //RI 由软件清 0
    }
    for(;;)disp();                      //显示接收数据
}
//函数名:disp
//函数功能:在 6 个 LED 上显示 buffer 中的 6 个数
//入口参数:无
//出口参数:无
void disp()
{
    unsigned char w,i,j;
    w=0x01;                             //位码赋初值
    for(i=0;i<6;i++)
    {
      P1=tab[buffer[i]];  //送共阳极显示字型段码,buffer[i]作为数组分量的下标
      P2=~w;                            // 送反相后的位码
      for(j=0;j<100;j++);               // 显示延时
      w<<=1;                            // w 左移一位
    }
}
```

4.7 并行 I/O 口扩展(8155 接口芯片使用)

一、实验目的

(1)掌握 MCS-51 单片机系统 I/O 口扩展方法。

(2)掌握并行接口芯片 8155 的性能以及编程使用方法。

(3)了解软件、硬件调试技术。

二、预备知识

1. 74LS164 器件的相关知识

见 4.3 节实验。

2. 8155 IO/RAM 扩展芯片的工作原理

8155 是一种复合型的可编程并行 I/O 接口芯片，其内部由 3 个可编程 I/O 端口（A 口、B 口为 8 位口，C 口为 6 位口）、1 个可编程的 14 位定时/计数器和 256B RAM 构成。其外部也采用 40 引脚的 DIP 封装，其引脚排列和内部结构如图 4.6 所示。

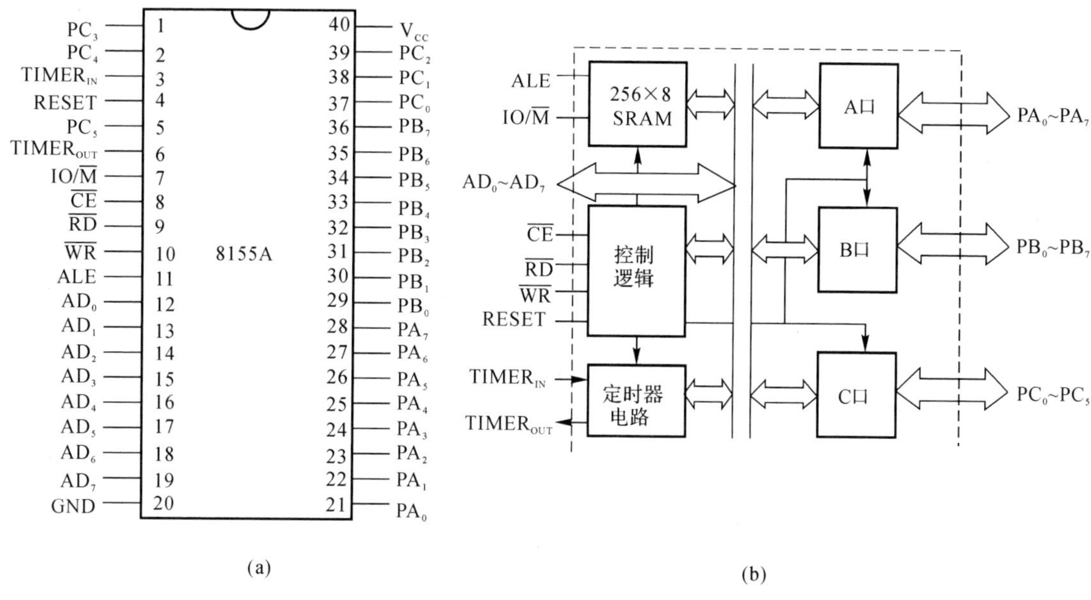

图 4.6　8155 的引脚排列和内部结构

(a)引脚排列；　(b)内部结构

(1) $AD_7 \sim AD_0$：地址/数据复用总线，与单片机的 P_0 口相连分时传送地址和数据信息。用 ALE 的下降沿将单片机 P_0 口输出的低 8 位地址信号通过 $AD_7 \sim AD_0$ 引脚锁存到 8155 内部的地址寄存器。

(2) I/O 口总线：$PA_0 \sim PA_7$，$PB_0 \sim PB_7$ 分别为 A，B 口线，用于和外设之间传递数据，$PC_0 \sim PC_5$ 为 C 端口线，既可与外设传送数据，也可作为 A，B 口的控制联络线。

(3) ALE：地址锁存信号，常和单片机的 ALE 端相连。除利用其下降沿进行 $AD_7 \sim AD_0$ 的地址锁存控制外，还用于把 IO/RAM 等信号的状态进行锁存。因此，单片机的 P_0 口和 8155 连接时，无须外接锁存器。

(4) $\overline{RD}$ 和 $\overline{WR}$：读选通信号和写选通信号。

(5) $IO/\overline{M}$：I/O 端口与 RAM 的选择信号。如果 $IO/\overline{M}=0$，对片内 RAM 进行读/写，此时 $AD_7 \sim AD_0$ 送入的地址为 RAM 的单元地址，其寻址范围为 00H～FFH。若 $IO/\overline{M}=1$，则选择对片内 I/O 端口进行读/写。此时 $AD_7 \sim AD_0$ 送入的地址是 8155 内部 3 个 I/O 端口、命令/状态寄存器和定时/计数器的地址。

(6) $\overline{CE}$：片选线，低电平有效。

(7) RESET：复位引脚。8155 在该引脚接收到大于 0.6 ms 脉宽的正脉冲时，对内部各端口进行复位，并将 A，B，C 三个端口设置为输入方式。

(8) $TIMER_{IN}$，$TIMER_{OUT}$，$TIMER_{IN}$ 是脉冲输入线，其输入脉冲对 8155 内部的 14 位定

时/计数器减 1;$TIMER_{OUT}$ 为输出线,当计数器计满回 0 时,8155 从该线输出设定的脉冲或方波。

3. 8155 作片外 RAM 使用

当 $\overline{CE}=0$, $IO/\overline{M}=0$ 时,8155 $IO/\overline{M}$ 只能作片外 RAM 使用,共 256B。其寻址范围由 $\overline{CE}$,$IO/\overline{M}$ 以及 $AD_0 \sim AD_7$ 的接法决定,这和前面讲到的片外 RAM 扩展时讨论的完全相同。当系统同时扩展有其他片外 RAM 芯片时,要注意二者的统一编址。对这 256B RAM 的操作可使用片外 RAM 的读/写指令"MOVX"。

4. 8155 作扩展 I/O 端口使用

当 $\overline{CE}=0$,$IO/\overline{M}=1$ 时,此时可以对 8155 片内 3 个 I/O 端口以及命令/状态寄存器和定时/计数器进行操作。具体地址分配见表 4.7。

表 4.7 8155 作为扩展 I/O 端使用时具体地址分配表

AD_7	AD_6	AD_5	AD_4	AD_3	AD_2	AD_1	AD_0	选中端口名称
×	×	×	×	×	0	0	0	命令/状态寄存器
×	×	×	×	×	0	0	1	端口 A
×	×	×	×	×	0	1	0	端口 B
×	×	×	×	×	0	1	1	端口 C
×	×	×	×	×	1	0	0	定时/计数器低 8 位
×	×	×	×	×	1	0	0	定时/计数器高 8 位

(1)命令/状态寄存器。芯片 8155 的 I/O 口工作方式的确定也是通过对 8155 的命令寄存器写入控制字来实现的。

8155 的命令/状态寄存器由命令寄存器和状态寄存器组成,并共享一个端口地址即 $AD_2AD_1AD_0=000$。当对该端口进行写入操作时,接入的是命令寄存器,用于设置控制字;当对该端口进行读出操作时,接入的是状态寄存器,读出的是状态字。

命令寄存器只能写入不能读出,也就是说,控制字只能通过指令 MOVX @DPTR, A 或 MOVX @Ri, A 写入命令寄存器。

8155 控制字的格式如图 4.7 所示。

(2)I/O 口操作:8155 的 A 口、B 口可工作于基本 I/O 方式或者选通 I/O 方式。C 口可作为基本 I/O 线,也可作为 A 口、B 口工作在选通方式时的联络信号线。

A,B,C 三口共有 4 种组合工作方式,方式 1、方式 2 时,A,B,C 都工作于基本 I/O 方式,可以直接和外设相连,采用"MOVX"类的指令进行输入/输出操作。方式 3 时,A 口为选通 I/O 方式,由 C 口的低 3 位作联络线,其余位作 I/O 线;B 口为基本 I/O 方式。方式 4 时,A,B 口均为选通 I/O 方式,C 口作为 A,B 口的联络线。

三、实验器材

(1)超想-3000TB 综合实验仪:1 台。

(2)超想 3000 仿真器:1 台。

(3)计算机:1 台。

(4)连线:若干根。

(5)8155 芯片:1 片。

(6)LED:1 个。

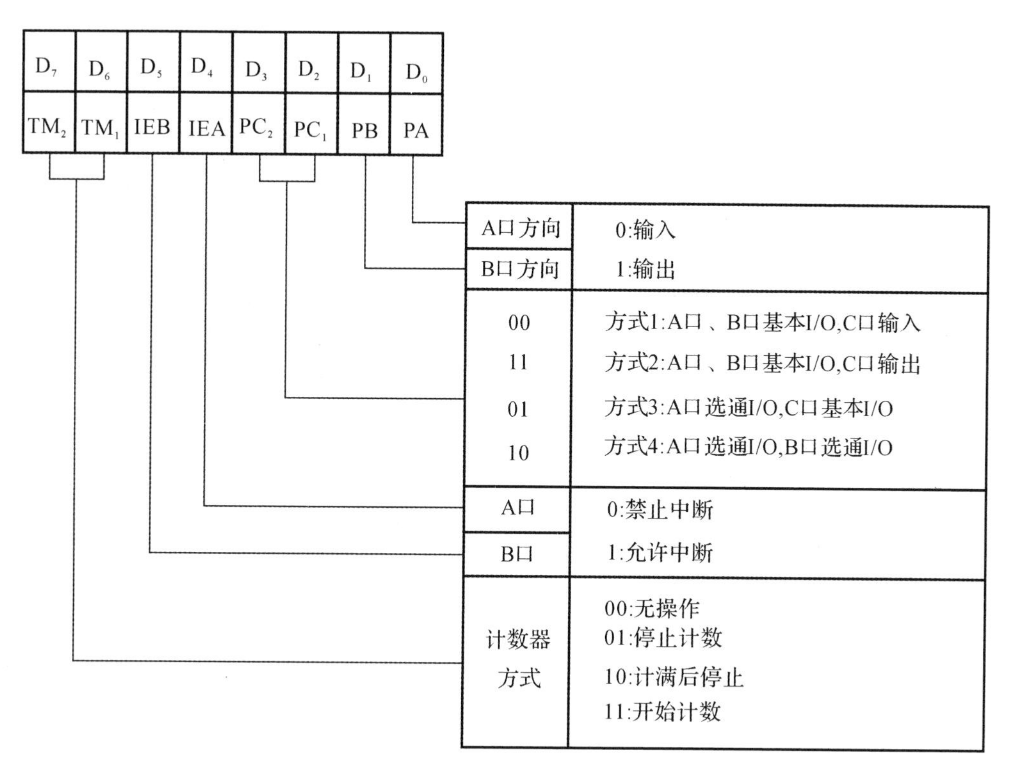

图 4.7　8155 控制字格式

四、实验内容

编写并调试出一个程序,其功能是对 8155 初始化,使 8155 PA 口为输入口,PB 口为输出口,并把一组数据写入 8155 内部 RAM。当输入开关为全 0 时,按顺序把 8155 内部 RAM 数据读出显示;当输入开关为非全 0 时,直接把开关状态在发光二极管上显示出来。

五、实验原理

本实验中采用 8155 扩展了两个输出口、一个输入口以实现拨码输入和数码管输出。可编程并行接口芯片 Intel 8155 内部含有 256B 的静态 RAM,两个并行 8 位口 PA,PB,一个并行的 6 位口 PC,以及一个 14 位的定时/计数器,是单片机系统最常用的接口芯片之一,掌握其性能与作用非常重要。

六、实验线路

本实验线路如图 4.8 所示。

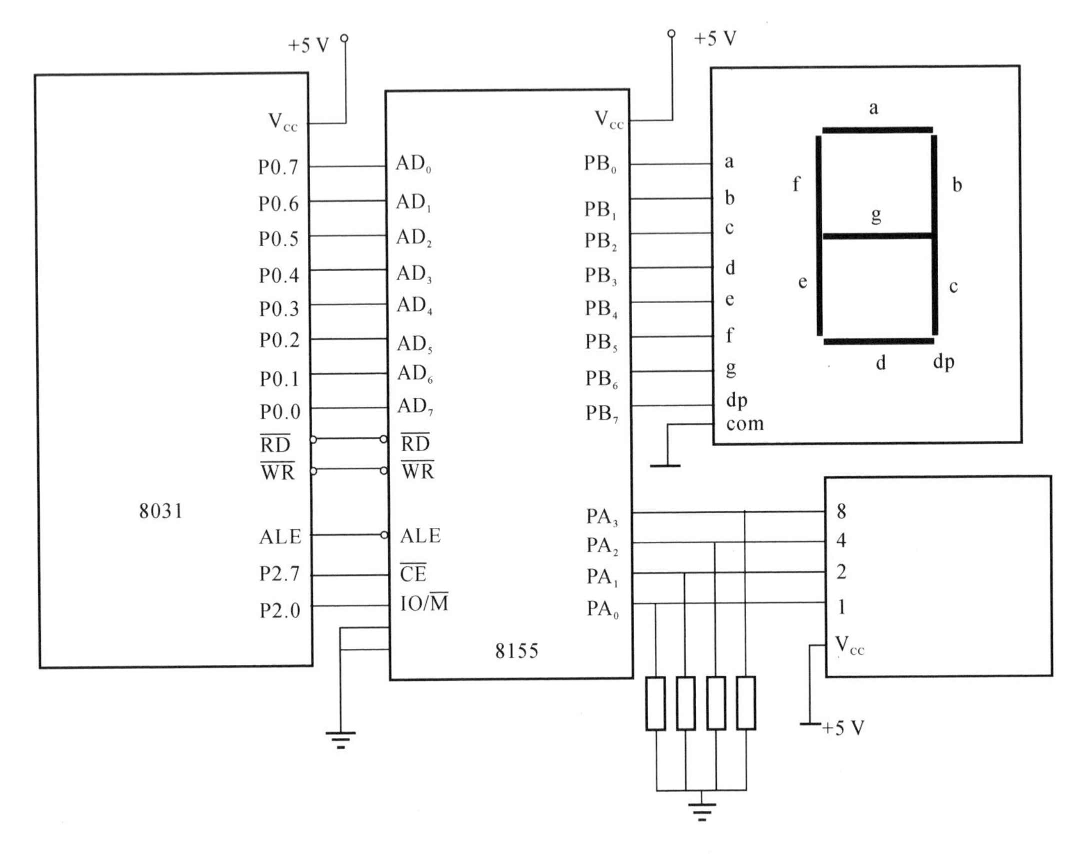

图 4.8 并行 I/O 口扩展实验线路

七、实验步骤

(1)设定仿真模式为程序存储器在仿真器上,数据存储器指向用户板。8155 的命令口为 0100H,A 口为 0101H,B 口为 0102H,C 口为 0103H,定时器低 8 位为 0104H、高 6 位定时器为 0105H,8155 内部 RAM 的地址为 0100H～01FFH。

(2)硬件连接。

(3)硬件测试:编写测试程序测试硬件故障。

(4)编译程序,用单步、断点、连续方式调试程序,排除软件错误。运行程序,观察输入开关和输出指示灯状态,直至达到本实验的要求为止。

八、结果分析

略。

九、实验思考

(1)试编写程序,当输入拨码状态为数 0～9 时,则对应输出为 0～9。

(2)试编写程序,使用 8155 定时器,每隔 1s 依次读出 RAM 数据,在 PB 口发光二极管上显示。

4.8　ADC 0809 A/D 转换

一、实验目的

掌握 A/D 转换与单片机接口的方法，了解 A/D 芯片 0809 转换性能及编程方法。

二、预备知识

ADC 0809 内部结构及引脚如图 4.9 所示。

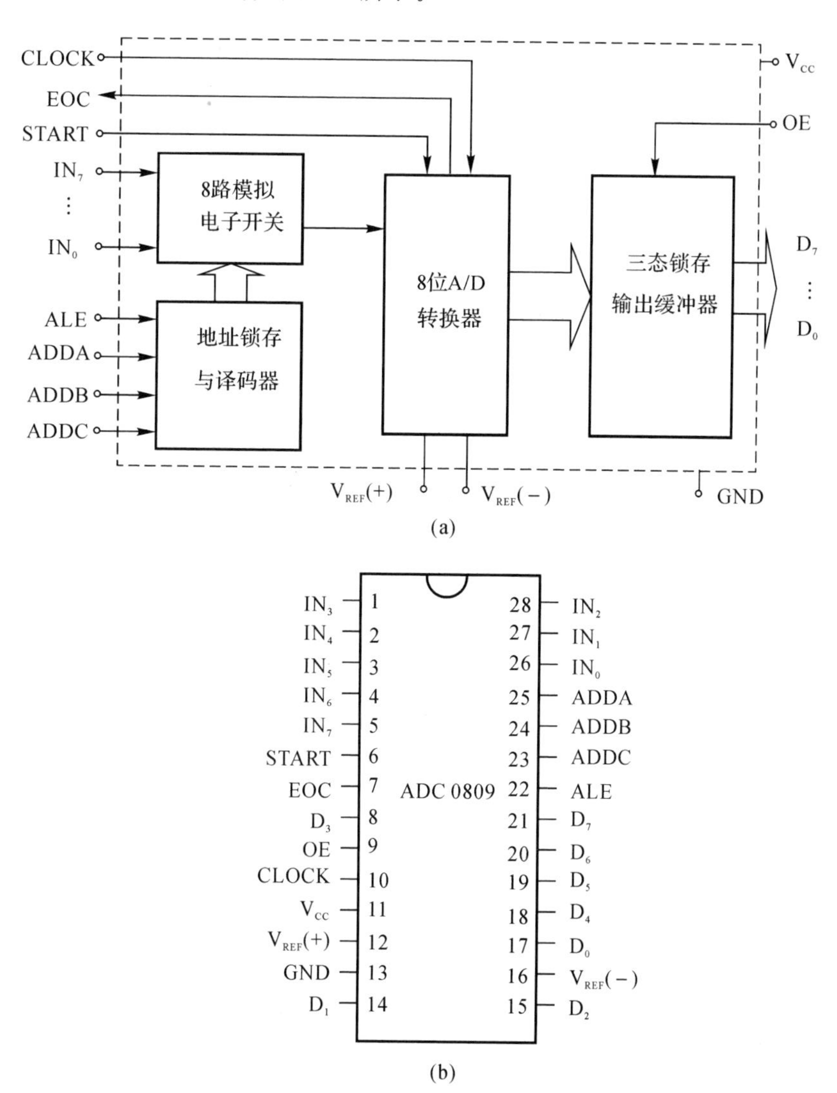

图 4.9　ADC 0809 内部结构及引脚排列

(a)内部结构；(b)引脚排列

ADC 0809 的组成：1 个 8 选 1 模拟电子开关，用于选择 8 路模拟输入的某 1 路；1 个地址锁存与译码器，用 3 个地址输入信号 ADDA，ADDB，ADDC 来决定对哪一路模拟信号进行 A/D 转换；一个采用逐次逼近法实现 A/D 转换的 8 位转换电路(比较器＋A/D 电路＋其他控制电路)；1 个三态输出锁存缓冲器，用于存放和输出 A/D 转换得到的数字量。

引脚功能如下：

(1)START：A/D 转换启动信号(输入)。加上正脉冲后，由其上升沿复位 ADC 0809，使其所有内部寄存器清 0，下降沿启动 A/D 转换，在 A/D 转换期间，START 应保持低电平。

(2)ALE：地址锁存信号(输入)。高电平时，将 ADDC，ADDB，ADDA 三位地址信号送入地址锁存器并经译码器后得到地址译码信号，用于选择相应的模拟量输入通道。

(3)EOC：转换结束信号(输出)。转换开始时，该引脚为低电平。转换结束时，该引脚返回高电平，表示转换结束。

(4)CLOCK：时钟输入信号。ADC 0809 内部没有时钟电路，所需时钟信号通过 CLK 引脚由外部提供，典型时钟频率为 640 kHz，此时的转换时间约为 100 μs。

(5)OE：输出允许信号。OE 为低电平时，输出数据线 D_0～D_7 呈高阻态；OE 为高电平时，D_0～D_7 输出 A/D 转换得到的二进制数据。

(6)$V_{REF}(+)$：A/D 转换器参考标准电压输入。用于与 IN_i 引脚输入的模拟电压信号进行比较，作为逐次逼近的基础标准电位。其典型值为 5 V。

(7)V_{CC}：芯片电源电压输入。允许其电压范围在 5～15 V 之间选择。

(8)IN_0～IN_7：模拟信号输入通道：ADC 0809 对输入模拟量的要求为信号单极性；电压范围为 0～15 V；输入信号过小时需要外接前置放大器进行放大；输入信号在 A/D 转换过程中(一般为 100 ms)应保持不变；输入信号瞬态变化较快时，应前置采样保持电路。

(9)ADDC，ADDB，ADDA：地址线。其值为 000～111 时，分别选择 IN_0～IN_7 模拟输入通道之一进行 A/D 转换。

三、实验器材

(1)超想-3000TB 综合实验仪：1 台。

(2)超想 3000 仿真器：1 台。

(3)连线：若干根。

(4)计算机：1 台。

四、实验内容

利用综合实验仪上的 0809 做 A/D 转换器，综合实验仪上的电位器提供模拟量输入，编制程序，将模拟量转换成数字量，通过 8155 键显区数码管显示出来。

五、实验原理

A/D 转换器的功能主要是将输入的模拟信号转换成数字信号，如电压、电流、温度测量等都属于这种转换。本实验中采用的转换器为 ADC 0809，它是一个 8 位逐次逼近型 A/D 转换器，可以对 8 个模拟量进行转换，转换时间为 100 μs。其工作过程如下：首先由地址锁存信号 ALE 的上升沿将引脚 ADDA，ADDB 和 ADDC 上的信号锁存到地址寄存器内，用以选择模拟量输入通道；START 信号的下降沿启动 A/D 转换器开始工作；当转换结束时，ADC 0809 使

EOC 引脚由低电平变成高电平，程序可以通过查询的方式读取转换结果，也可以通过中断方式读取结果。CLOCK 为转换时钟输入端，频率为 100 kHz～1.2 MHz，推荐值为 640 kHz。

六、实验线路

实验线路如图 4.10 所示。

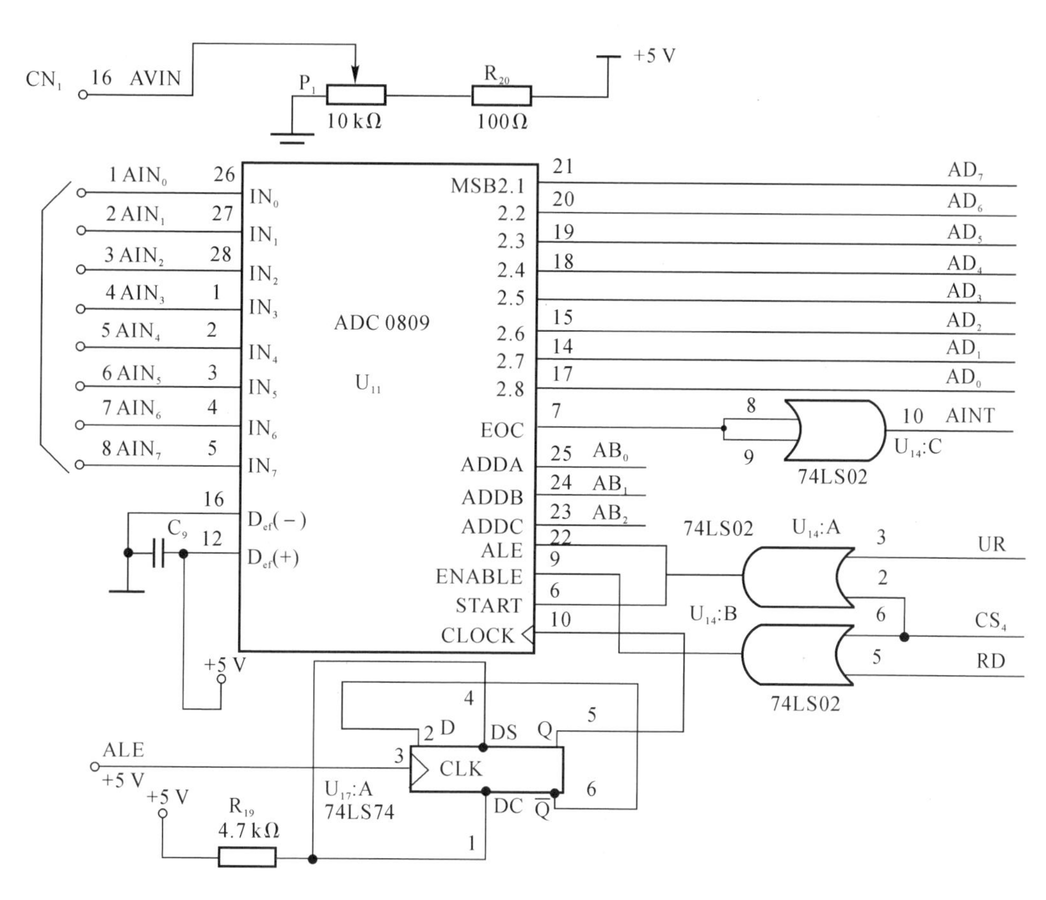

图 4.10　A/D 转换实验线路

七、实验步骤

(1)设定仿真模式为程序空间在仿真器上，数据空间在用户板上。

(2)“总线插孔”区的 P1.0(YC_2)孔接 CS09 孔，CLOCK 接脉冲源 0.25 MHz，0.5 MHz，1 MHz，2 MHz，INT 接 5 V 电源。

(3)编写程序，编译通过并链接。本程序使用查询的方式读取转换结果。在读取转换结果的指令后设置断点，运行程序，在断点读出 A/D 转换结果，并检查数据是否与 V_{in0} 相对应。修改程序中错误，使显示值随 V_{in0} 变化而变化。

(4)调整综合实验仪上模拟信号发生器的电位器，使输入到 ADC 0809 的 IN_0 上电压为一定值。

八、结果分析

略。

九、实验思考

(1)试编写循环采集 8 路模拟量输入 A/D 转换程序。

(2)以十进制方式显示实验结果。

4.9 DAC 0832 D/A 转换

一、实验目的

(1)了解 D/A 转换与单片机的接口方法。

(2)了解 D/A 转换芯片 DAC 0832 的性能及编程方法。

二、预备知识

DAC 0832 内部结构及引脚如图 4.11 所示。

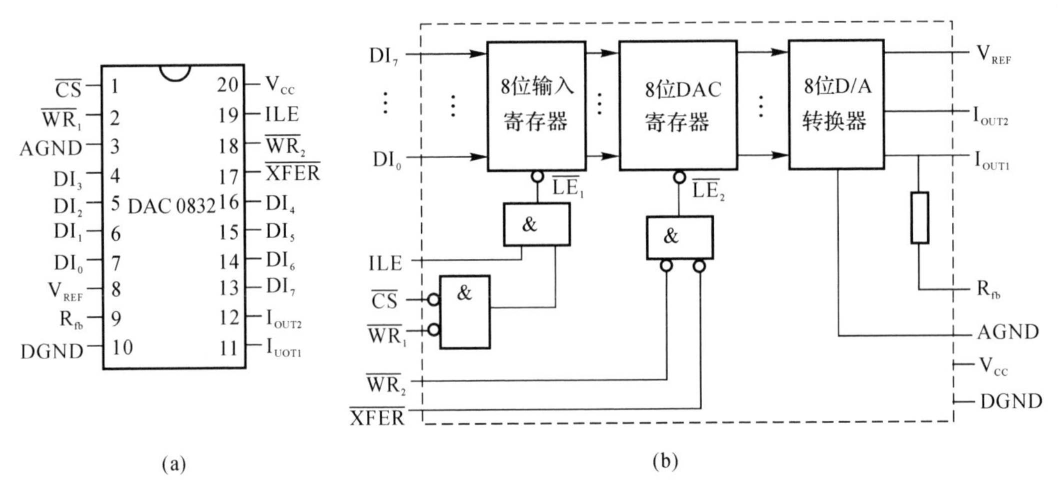

图 4.11 DAC 0832 内部结构及引脚排列

(a)引脚排列； (b)内部结构

1. 单缓冲方式连接

所谓单缓冲方式就是使 DAC 0832 的 2 个寄存器中的 1 个处于直通方式,而另 1 个处于受控的锁存方式,如图 4.12 所示。

2. 双缓冲方式连接

所谓双缓冲方式,就是将 DAC 0832 内部的输入寄存器和 DAC 寄存器均连接成独立的受控锁存方式。单片机需执行 3 次写指令才可完成一次完整的 D/A 转换。该方式的接口连接如图 4.13 所示。

三、实验器材

(1)超想-3000TB 综合实验仪:1 台。

(2)超想 3000 仿真器:1 台。

(3)连线:若干根。
(4)计算机:1台。
(5)示波器:1台。

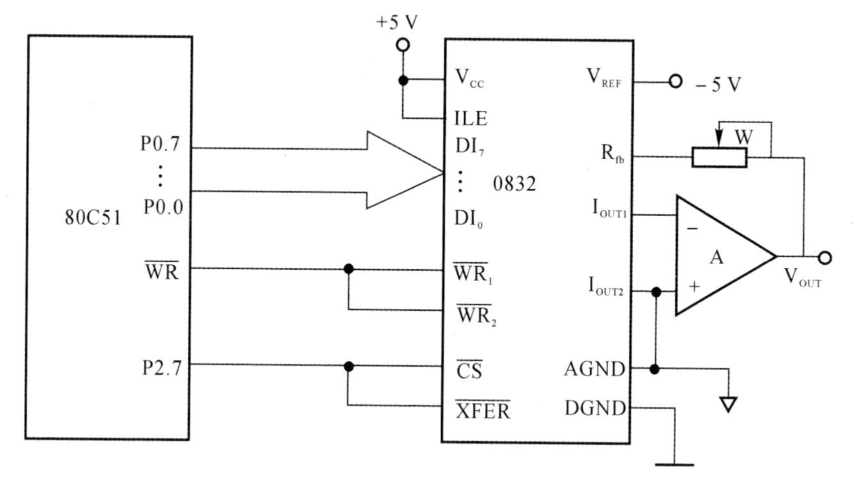

图4.12　单缓冲方式

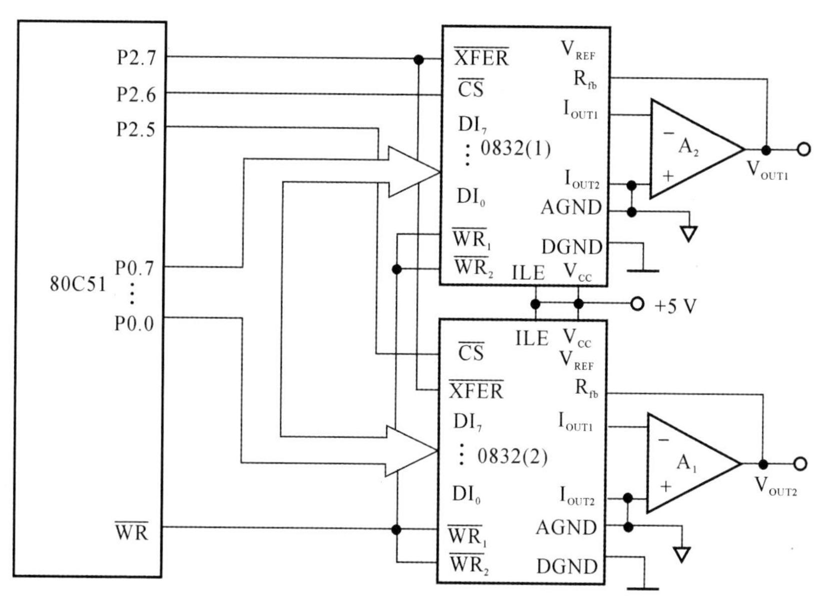

图4.13　双缓冲方式

四、实验内容

利用DAC 0832输出一个从0 V开始逐渐升至5 V再降至0 V的三角波电压,用示波器观察其波形显示。

五、实验原理

D/A转换器的功能主要是将输入的数字量转换成模拟量输出,在语音合成等方面得到了广泛的应用。本实验中采用的转换器为DAC 0832，该芯片为电流输出型8位D/A转换器，输入设有两级缓冲锁存器，因此可同时输出多路模拟量。实验中采用单级缓冲连接方式，用DAC 0832来产生三角波，具体线路如图4.13所示。则有

$$V_{out}=-\frac{D}{2^n}V_{REF}$$

式中：D表示输入的数字量；V_{REF}表示基准电压。V_{REF}引脚的电压极性和大小决定了输出电压的极性与幅度，超想-3000TB综合实验仪上的DAC 0832的第8引脚（V_{REF}）的电压已接为-5V，所以输出电压值的幅度为0～5V。

六、实验线路

本实验线路如图4.14所示。

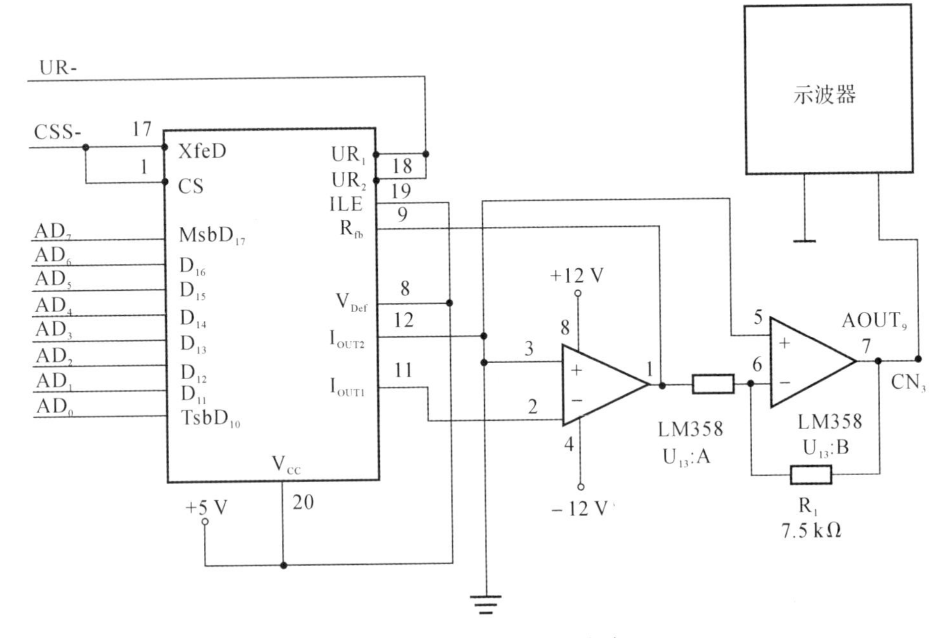

图4.14　D/A转换实验线路

七、实验步骤

(1)设定仿真模式为程序空间在仿真器上，数据空间在用户板上。

(2)“总线插孔”区的P1.1(YC_3)孔接CS_{32}孔，OUT孔接示波器 。

(3)编写程序、编译程序，用单步、断点、连续方式调试程序，排除软件错误。

(4)在示波器上观察输出波形。

八、结果分析

略。

九、实验思考

修改程序，产生锯齿波、方波。

4.10　步进电机控制

一、实验目的

了解步进电机工作原理，掌握用单片机的步进电机控制系统的硬件设计方法，熟悉步进电机驱动程序的设计与调试，提高单片机应用系统设计和调试水平。

二、实验器材

(1)超想-3000TB 综合实验仪:1 台。
(2)超想 3000 仿真器:1 台。
(3)连线:若干根。
(4)计算机:1 台。

三、实验内容

编写并调试出一个实验程序控制步进电机旋转。

四、工作原理

步进电机是工业过程控制及仪表中常用的控制元件之一，步进电机实际上是一个数字/角度转换器，当某一相绕组通电时，对应的磁极就产生磁场，并与转子形成磁路，若这时定子的小齿和转子的小齿没有对齐，则在磁场的作用下，转子将转动一定的角度，使转子和定子的齿相互对齐。由此可见，错齿是促使步进电机旋转的原因。超想-3000TB 实验仪选用的是 20BY-0 型 4 相步进电机，其工作电压为 4.5 V，在双四拍运行方式时，其步距角为 18°，相直流电阻为 55 Ω，最大静电流为 80 mA。采用 8031 单片机控制步进电机的运转，按四相四拍方式在 P_1 口输出控制代码，令其正转或反转。因此 P_1 口输出代码的变化周期 T 控制了电机的运转速度：$n=60$ r/min。

五、实验步骤

(1)“总线插孔”区的 P1.0～P1.3 孔接步进电机的 BA～BD 孔，“发光二极管组”的 L_0～L_3 孔接步进电机的 A～D 孔，P1.7 孔连 L_7。
(2)硬件诊断。
(3)编写程序、编译程序。用单步、全速断点、连续方式调试程序，观察数码管上数字变化，检查程序运行结果，观察步进电机的转动状态，连续运行时用示波器测试 P_1 口的输出波形，排除软件错误，直至达到本实验的设计要求。

六、结果分析

略。

七、思考问题

若将步进电机 A,B,C,D 分别接到 P1.4～P1.7,软件功能与本实验要求一致,需要如何修改程序?

4.11 力测量

一、实验目的

了解力-电信号转换的基本工作原理,掌握 ADC 0809 的使用方法,提高数据处理程序的设计和调试能力。

二、实验器材

(1)超想-3000TB 综合实验仪:1 台。
(2)超想 3000 仿真器:1 台。
(3)连线:若干根。
(4)计算机:1 台。

三、实验内容

编写并调试出一个实训程序,其功能:将力施加于压力传感器金属弹性元件表面,超想-3000 TB 综合实验仪上数码管显示力的数据,并随力的大小而变化。

四、工作原理

将金属丝电阻应变片粘附在弹簧片的表面,弹簧片在力的作用下发生形变,而电阻应变片也随着弹簧片一起变形,这将导致电阻应变片电阻的变化。弹簧片受的力越大,形变也越大,电阻应变片电阻的变化也越大,测量出电阻应变片电阻的变化,就可以计算出弹簧片受力的大小。

五、实验步骤

(1)设定工作模式为程序空间在仿真器上,数据空间在用户板上。
(2)“译码器”的 YC_2 孔连数/模转换 ADC 0809 的 CS_4 孔,“脉冲源”的 0.5 MHz 孔连 ADC 0809 的 CLOCK 孔,IN_0 孔(ADC 0809 的 0 通道)连 AN_0 孔(压力传感器的输出孔)。
(3)在弹性元件表面施加一力。
(4)用万用表监测 ADC 0809 的输出变化。

六、结果分析

略。

第 5 章　课程设计与创新实验

5.1　课程设计

一、电子琴

1. 目的

(1)了解发出不同音调声音的编程方法。

(2)进一步掌握键盘扫描和编程的方法。

2. 要求

利用实验仪上提供的键盘,使数字键 1,2,3,4,5,6,7 作为电子琴按键,按下即发出相应的音调。用 P3.0 口发出音频脉冲,驱动喇叭。

3. 完成工作

(1)设计部分。

1)硬件电路设计。

2)软件设计。

(2)图纸部分。

1)硬件电路原理图。

2)软件流程图。

(3)说明部分。

1)功能说明。

2)设计过程及调试说明。

3)源程序清单。

4)元器件清单。

5)体会。

二、芯片检测仪设计

1. 目的

(1)掌握 MCS-51 单片机应用系统的硬件设计、软件设计方法。

(2)熟悉软件与硬件的调试技术。

2. 要求

(1)利用 MCS-51 单片机及可编程芯片 8155 扩展 I/O 口设计一数字逻辑芯片检测仪。

(2)该检测仪可测量芯片 74LS00,74LS02,74LS04 等数字逻辑芯片的好坏。

(3)由 LED 显示芯片好或坏的相关信息。
(4)利用 Proteus 软件进行仿真,并在仿真基础上安装实物。
3. 完成工作
(1)设计部分。
1)硬件电路设计。
2)软件设计。
(2)图纸部分。
1)硬件电路原理图。
2)软件流程图。
(3)说明部分。
1)功能说明。
2)设计过程及调试说明。
3)源程序清单。
4)元器件清单。
5)体会。

三、智能交通灯控制

1. 目的
(1)掌握智能交通灯的设计方法。
(2)了解软件与硬件的调试技术。
2. 要求
(1)利用 MCS-51 单片机的并行 I/O 口和串行口模拟十字交通灯的状态。
(2)两位 LED 倒计时牌显示(显示时间自定)。
(3)紧急情况处理。
(4)利用 Proteus 软件进行仿真,并在仿真基础上安装实物。
3. 完成工作
(1)设计部分。
1)硬件电路设计。
2)软件设计。
(2)图纸部分。
1)硬件电路原理图。
2)软件流程图。
(3)说明部分。
1)功能说明。
2)设计过程及调试说明。
3)源程序清单。
4)元器件清单。
5)体会。

四、工业顺序控制

1. 目的

(1)掌握工业顺序控制程序的简单编程。

(2)掌握外中断的应用。

(3)掌握 Proteus 软件仿真设计的方法。

2. 要求

由 8031 的 P1.0～P1.6 控制注塑机 7 道工序，现模拟控制 7 只发光二极管的点亮，高电平点亮。设定每道工序时间转换为延时，P3.4 为开工启动开关，高电平启动。P3.3 为外部故障输入模拟开关，低电平报警，P1.7 为报警声音输出。设定 7 道工序只有一位输出。

3. 完成工作

(1)设计部分。

1)硬件电路设计。

2)软件设计。

(2)图纸部分。

1)硬件电路原理图。

2)软件流程图。

(3)说明部分。

1)功能说明。

2)设计过程及调试说明。

3)源程序清单。

4)元器件清单。

5)体会。

五、扩展时钟系统

1. 目的

(1)掌握 MSC－51 单片机扩展时钟电路的设计方法。

(2)熟悉 DS12887 的工作原理。

2. 要求

编程实现下列功能：

程序第一次运行后，初始化时间显示为 00:00:00，即 6 位数码管显示为 00.00.00。

通过键盘[MON]设定小时为 07，通过键盘[LAST]设定分钟为 08，通过键盘[NEXT]设定秒为 09，2min 后即在 07.10.09 时关掉电源，等待 2min 后再打开电源，这时时间应为 07.12.09，即停电后 DS12887 中的时钟不会停止运行。

3. 完成工作

(1)设计部分。

1)硬件电路设计。

2)软件设计。

(2)图纸部分。

1)硬件电路原理图。

2)软件流程图。

(3)说明部分。

1)功能说明。

2)设计过程及调试说明。

3)源程序清单。

4)元器件清单。

5)体会。

六、V/F 压频转换

1. 目的

(1)了解 LM331 电压转换为频率的基本工作原理。

(2)熟悉 8051 内部定时/计数器的使用方法。

2. 要求

把电压转换成脉冲,用计数器进行测频并在超想-3000TB 综合实验仪上的数码管上显示出来,实现频率计功能。

3. 完成工作

(1)设计部分。

1)硬件电路设计。

2)软件设计。

(2)图纸部分。

1)硬件电路原理图。

2)软件流程图。

(3)说明部分。

1)功能说明。

2)设计过程及调试说明。

3)源程序清单。

4)元器件清单。

5)体会。

七、温度测量

1. 目的

了解热敏电阻测温基本工作原理及小信号放大器工作原理和零点、增益的调整方法。

2. 要求

使用电桥将热敏电阻阻值变化转换为电压信号,放大以后经 A/D 转换器转换为数字量由 CPU 处理,在 LED 上显示出来。利用 Proteus 和 Keil 软件完成仿真验证。

3. 完成工作

(1)设计部分。

1)硬件电路设计。

2)软件设计。

(2)图纸部分。

1)硬件电路原理图。

2)软件流程图。

(3)说明部分。

1)功能说明。

2)设计过程及调试说明。

3)源程序清单。

4)元器件清单。

5)体会。

八、直流电机转速测量与控制

1. 目的

(1)了解霍尔器件工作原理及转速测量与控制的基本原理、基本方法。

(2)掌握 DAC 0832 电路的接口技术和应用方法,提高实时控制系统的设计和调试能力。

(3)掌握 Proteus 软件仿真设计的方法。

2. 要求

(1)设计硬件原理图并进行硬件仿真。

(2)设计并调试一个程序,其功能为测量电机的转速,并在超想-3000 TB 综合实训仪显示器上显示出来,采用比例调节器方法,使电机转速稳定在某一设定值。此设定值可由超想-3000 TB 综合实训仪上的键盘输入。用 PID 调节使转速恒定在 25 r/min。

注:本实训电机转速范围一般应为 35～50 r/min。

3. 完成工作

(1)设计部分。

1)硬件电路设计。

2)软件设计。

(2)图纸部分。

1)硬件电路原理图。

2)软件流程图。

(3)说明部分。

1)功能说明。

2)设计过程及调试说明。

3)源程序清单。

4)元器件清单。

5)体会。

九、点阵式 LCD 液晶显示屏实训

1. 目的

(1)学习获取字模的方法。

(2)学习 122X32A 液晶 LCD 的原理及编程方法。

2. 要求

在 LCD 上显示“西安航空学院单片机实验室”字样，使其上、下、左、右移动。

3. 完成工作

(1)设计部分。

1)硬件电路设计。

2)软件设计。

(2)图纸部分。

1)硬件电路原理图。

2)软件流程图。

(3)说明部分。

1)功能说明。

2)设计过程及调试说明。

3)源程序清单。

4)元器件清单。

5)体会。

十、波形发生器

1. 目的

掌握单片机与 D/A 转换器接口应用。

2. 要求

(1)利用 MCS－51 单片机扩展 D/A 转换器 0832 设计一多功能信号发生器。

(2)产生方波、锯齿波、三角波、正弦波。

(3)幅度、频率可调(选做)。

(4)完成软件、硬件仿真和实物组装。

3. 完成工作

(1)设计部分。

1)硬件电路设计。

2)软件设计。

(2)图纸部分。

1)硬件电路原理图。

2)软件流程图。

(3)说明部分。

1)功能说明。

2)设计过程及调试说明。

3)源程序清单。

4)元器件清单。

5)体会。

十一、数字电压表

1. 目的

掌握单片机和 A/D 转换器的接口应用。

2. 要求

(1)利用 MCS－51 单片机扩展 A/D 转换器 0809 设计一数字电压表。

(2)3 位 LED 显示。

(3)软硬件仿真并制作实物。

3. 完成工作

(1)设计部分。

1)硬件电路设计。

2)软件设计。

(2)图纸部分。

1)硬件电路原理图。

2)软件流程图。

(3)说明部分。

1)功能说明。

2)设计过程及调试说明。

3)源程序清单。

4)元器件清单。

5)体会。

十二、红外线遥控

1. 目的

(1)了解红外遥控电路的原理。

(2)了解远程控制的一般原理和方法。

(3)学习如何编写红外发射和接收程序。

(4)了解单片机控制外部设备的常用电路。

2. 要求

利用超想－3000TB 综合实验仪上的红外线接收、发送器件，编写程序发送和接收红外信号，实现近距离的无线通信。

3. 完成工作

(1)设计部分。

1)硬件电路设计。

2)软件设计。

(2)图纸部分。

1)硬件电路原理图。

2)软件流程图。

(3)说明部分。

1)功能说明。
2)设计过程及调试说明。
3)源程序清单。
4)元器件清单
5)体会。

十三、AT89C2051控制步进电机

1. 目的
(1)学习使用AT89C2051进行简单控制。
(2)学习程序目标代码固化和脱机运行方法。
2. 要求
利用89C2051定时器0定时,以控制步进电机正反转运行。
3. 完成工作
(1)设计部分。
1)硬件电路设计。
2)软件设计。
(2)图纸部分。
1)硬件电路原理图。
2)软件流程图。
(3)说明部分。
1)功能说明。
2)设计过程及调试说明。
3)源程序清单。
4)元器件清单。
5)体会。

5.2 创新实验

一、家居照明蓝牙控制系统的设计

1. 目的
(1)学习使用蓝牙模块,通过手机APP与单片机进行通信。
(2)学习通过单片机控制家居照明的方法。
2. 要求
在手机端安装蓝牙串口APP,通过APP和手机内的蓝牙模块发送控制命令。单片机从机蓝牙模块接收控制命令,并通过单片机串行通信接口将信号传给单片机,单片机根据控制信号实现将家居照明中不同的灯点亮或熄灭。
3. 完成工作
(1)设计部分。

1)硬件电路设计。
2)软件设计。
(2)图纸部分。
1)硬件电路原理图。
2)软件流程图。
(3)说明部分。
1)功能说明。
2)设计过程及调试说明。
3)源程序清单。
4)元器件清单。
5)体会。

二、超声波测距系统的设计

1. 目的
(1)学习以51单片机为核心,控制超声波测距系统。
(2)学习使用HC-SR04超声波模块,实现给定范围的距离测量。
2. 要求
单片机控制超声波测距模块发射超声波并接收回波,单片机经过运算测算障碍物距离,通过显示电路显示出来。通过键盘设置报警距离,当距离小于报警距离时,声光报警系统进行报警。
3. 完成工作
(1)设计部分
1)硬件电路设计。
2)软件设计。
(2)图纸部分。
1)硬件电路原理图。
2)软件流程图
(3)说明部分。
1)功能说明。
2)设计过程及调试说明。
3)源程序清单。
4)元器件清单。
5)体会。

三、Wifi遥控小车设计

1. 目的
(1)学习使用WiFi模块,通过手机APP以及串口与单片机进行通信。
(2)学习通过单片机控制小车的方法。
2. 要求
在安卓手机端安装“Unicorn WiFi小车.apk”,通过APP与WiFi模块连接,发送控制命令。WiFi 模块通过 UART 接口与单片机进行串口通信。单片机接收控制命令，根据控制命令驱动小车做出相应的动作。

3. 完成工作

(1)设计部分

1)硬件电路设计。

2)软件设计。

(2)图纸部分。

1)硬件电路原理图。

2)软件流程图。

(3)说明部分。

1)功能说明。

2)设计过程及调试说明。

3)源程序清单。

4)元器件清单。

5)体会。

四、智能电动百叶窗的设计

1. 目的

(1)学习利用光敏电阻和直流电机控制百叶窗的自动旋转的方法。

(2)学习通过单片机控制百叶窗手动或自动旋转。

2. 要求

用一台直流电机控制百叶窗的旋转(正转或反转)，用光敏传感器测量室内光强度，并用两位数码管显示测量结果。通过按键设置自动/手动模式、手动正转或手动反转。用一个发光二极管显示自动状态或手动状态。设置两个极限位置保护行程开关，用于保护百叶窗叶片。

3. 完成工作

(1)设计部分。

1)硬件电路设计。

2)软件设计。

(2)图纸部分。

1)硬件电路原理图。

2)软件流程图。

(3)说明部分。

1)功能说明。

2)设计过程及调试说明。

3)源程序清单。

4)元器件清单。

5)体会。

第6章 应用举例

本章给出两个 MCS-51 单片机综合应用实例，通过实例的设计，帮助学生加深对单片机系统设计的理解，同时掌握利用单片机进行综合系统设计的基本方法。

6.1 简易电阻、电容、电感测量仪的设计

技术要求：设计并制作一台数字显示的电阻、电容、电感参数测试仪。

(1)测量范围：电阻 100 Ω～1 MΩ，电容 100～1 000 pF，电感 100 μH～10 mH。

(2)测量精度±5%。

(3)制作 4 位数码管显示组显示测量数值，用发光二极管分别指示此被测元件的类型和单位。

本测试仪以 8 位单片机 AT89S52 为核心，通过振荡器把电阻、电容、电感 3 个参量转换成单片机较容易测量的频率参量，再由单片机计算得出电阻、电容、电感的数值，通过 4 位数码管显示出来。同时系统通过采样比较，还增加了量程自动转换功能。

6.1.1 方案比较

一、电阻 *R* 的测量

1. 根据 *R* 的定义式来测量

测量电路如图 6.1(a)所示，分别用电流表和电压表测出通过电阻的电流和电阻两端的电压，根据公式 $R=U/I$ 求得电阻，这种测量方法要同时测出两个模拟量，不易实现自动化。

2. 万用表测量

万用表设为电阻挡，把被测电阻与表针电阻及电池串联，用电流表测出电流，如图 6.1(b)所示，由于被测电阻与电流一一对应，因此就可以读出被测电阻的阻值。这种测量方法的精度变化大，若要较高的精度，必须设置较多的量程，电路较复杂。

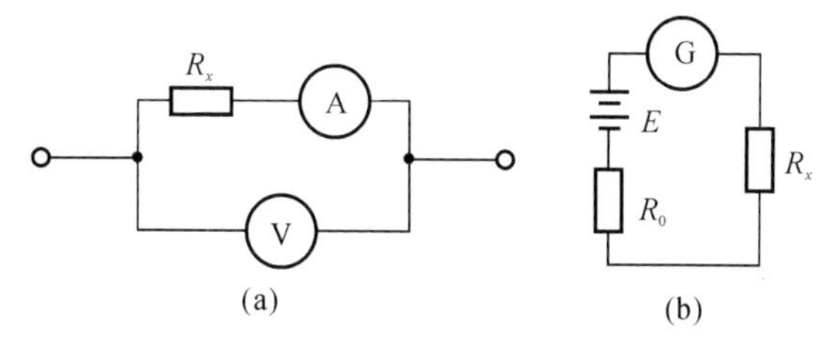

图 6.1 电阻 *R* 的测量

(a)电阻定义测量；(b)万用表测量

二、同时测量电阻、电容、电感

1. 电桥法

如图 6.2 所示，电阻可以用直流电桥测量，电容 C、电感 L 可以用交流电桥测量。电桥平衡的条件为

$$Z_1 Z_n e^j(\varphi_1+\varphi_2)=Z_2 Z_x e^j(\varphi_1+\varphi_2)$$

通过调节阻抗 Z_1，Z_2 使电桥平衡，这时电表读数为零。根据平衡条件及一些已知的电路参数就可以求出被测参数。用这种测量方法，参数的值还要通过联立方程求解，调节电阻值一般只能手动，电桥平衡条件判别亦难以用简单的电路实现。这样，电桥法不易实现自动测量。

2. 用 Q 表来测量电感、电容值

如图 6.3 所示，它是利用谐振法在工作频率上进行测量，使测量的条件更接近使用情况。但是这种测量方法要求频率连续可调，直至谐振，因此它对谐振器的要求较高。与电桥法一样，调节和平衡判别很难实现智能化。

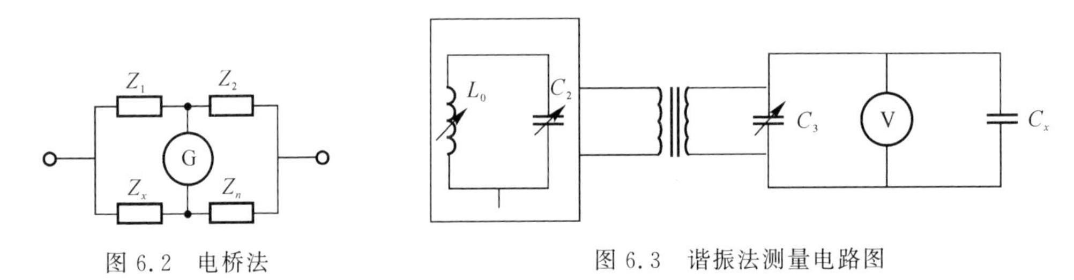

图 6.2 电桥法　　图 6.3 谐振法测量电路图

三、阻抗法测电阻、电感、电容

用恒流源供电，测元件的电流。由于很难实现理想的恒流源和恒压源，所以它们适用的测量范围都很窄。

四、其他思路

很多仪器仪表都是把较难测量的物理量转化成精度较高且较容易测量的物理量。基于此思路，把电子元件的 R，L，C 转换成频率信号 f，然后用单片机计数后再计算求出 R，L，C 的值，并输出显示，分别通过 RC 振荡和 LC 三点式振荡。频率是单片机很容易处理的数字量，实现起来较为简单且容易实现自动化。

6.1.2 具体设计方案

RLC 测试仪是一种低速的测量仪器，为了降低成本，单片机选用的是 Atmel 公司新推出的 AT89S52，该芯片具有低功耗、高性能的特点，是采用 CMOS 工艺的 8 位单片机。AT89S52 有以下主要特点：

(1)采用了 Atmel 公司的高密度、非易失性存储器(NV - SRAM)技术。

(2)其片内具有 256B RAM，8 KB 的可在线编程(ISP)FLASH 存储器。

(3)有 2 种低功耗节电工作方式：空闲模式和掉电模式。

(4)片内含有一个看门狗定时器(WDT)。WDT 包含一个 14 位计数器和看门狗定时器复位寄存器(WDTRST)，只要对 WDTRST 按顺序先写入 01EH，后写入 0E1H，WDT 便启动。当 CPU 由于扰动而使程序陷入死循环或“跑飞”状态时，WDT 即可有效地使系统复位，因此

提高了系统的抗干扰性能。

一、系统结构

系统结构如图 6.4 所示。

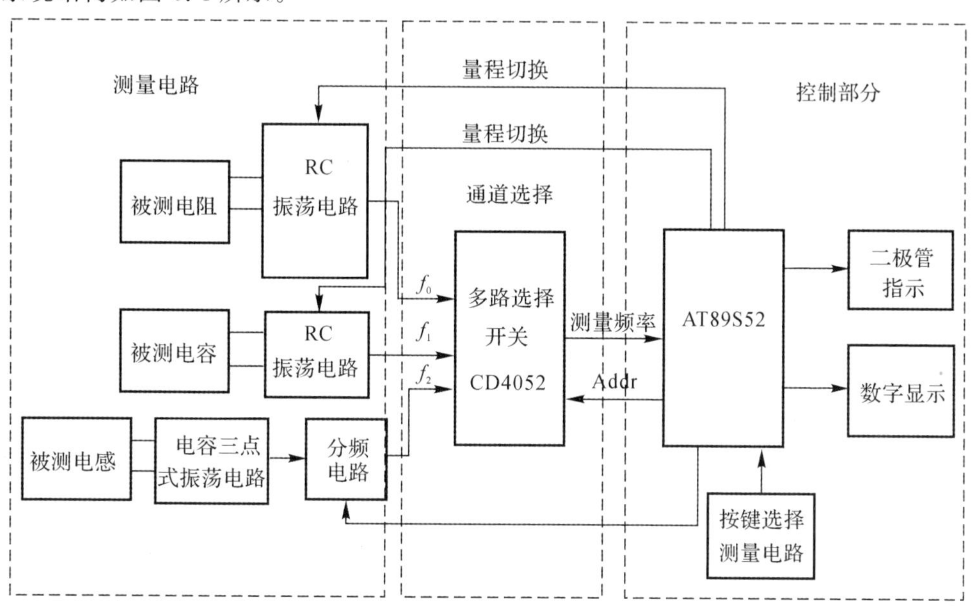

图 6.4 系统结构图

二、系统工作原理

单片机首先根据所选通道,向模拟开关送两位地址信号,取得振荡频率;其次再根据所测频率判断是否需要量程转换,若需要转换,则转换至相应的量程;最后对数据进行处理,然后将处理好的参数值送数码管显示。

6.1.3 理论分析和计算

一、测 R_x 的 RC 振荡电路

555 定时器是一种将模拟功能与逻辑功能巧妙地结合在一起的中规模集成电路,电路功能灵活,应用范围广,只要外接少量元件,就可以构成多谐振荡器、单稳态触发器或施密特触发器等电路,因而在定时、检测、控制、报警等方面都有广泛的应用。555 定时器内部含有 1 个基本 RS 触发器、2 个电压比较器、1 个放电晶体管、由 3 个 5 kΩ 的电阻组成的分压器和一个输出缓冲器。

图 6.5 所示是一个由 555 电路构成的多谐振荡电路。它的振荡周期为

$$T = t_1 + t_2 = \ln 2(R_1 + R_x)C_T + \ln 2 R_x C_T$$

可得

$$f_x = \frac{1}{\ln 2(R_1 + 2R_x)C_T}$$

即

$$R_x = \left(\frac{1}{\ln 2 C_T f_x} - R_1\right)/2$$

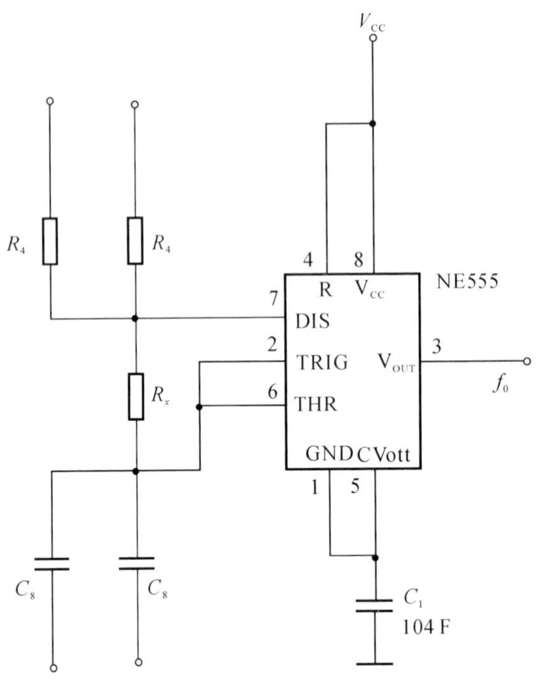

图 6.5 R 测试电路

为使振荡频率保持在单片机高精度范围 10 ～ 100 kHz 内，需选择合适的 C_8 值和 R_4 值，同时不使电阻的功耗太大，其步骤如下：

第一个量程：$100\ \Omega \leqslant R_x < 10\ \text{k}\Omega$。

选择 $R_4 = 200\ \Omega, C_8 = 0.22\ \mu\text{F}$，则有

$$f = \frac{1}{\ln 2 C_8 (R_4 + 2R_x)}$$

$R_x = 100\ \Omega$ 时，$f = 16.4$ kHz；

$R_x = 10\ \text{k}\Omega$ 时，$f = 324$ Hz。

第二个量程：$10\ \text{k}\Omega \leqslant R_x < 1\ \text{M}\Omega$。

选择 $R_4 = 20\ \text{k}\Omega, C_8 = 1\,000\ \text{pF}$，则有

$$f = \frac{1}{\ln 2 C_8 (R_4 + 2R_x)}$$

$R_x = 10\ \text{k}\Omega$ 时，$f = 36.08$ kHz；

$R_x = 1\ \text{M}\Omega$ 时，$f = 714$ Hz。

因为 RC 振荡的稳定度可达 10^{-3}，单片机测量频率最多产生一个脉冲的误差，所以由单片机测量频率值引起的误差在 1% 以下。

量程自动转换原理：单片机在第一个频率记录中发现频率过小，即通过继电器改变 R_4 和 C_8 的值，从而达到转换量程的目的。

二、测 C_x 的 RC 振荡电路

如图 6.6 所示，测 C_x 的 RC 振荡电路与测 R_x 的振荡电路完全相同。若 $R_1 = R_2$，则

$$f = \frac{1}{3\ln 2 R_1 C_x}$$

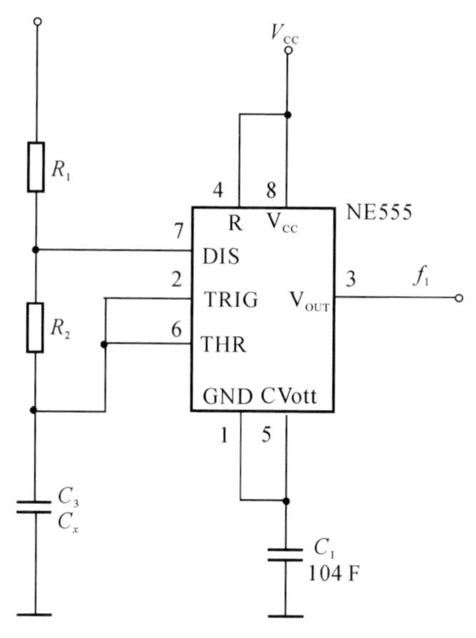

图 6.6　C 测试电路

两个量程中的取值分别为：

第一量程：100 pF $\leqslant C_x <$ 1 000 pF，选择 $R_1 = R_2 = 510\ \text{k}\Omega$；

第二量程：1 000 pF $\leqslant C_x <$ 10 000 pF，选择 $R_1 = R_2 = 10\ \text{k}\Omega$。

这样的取值使电容挡的测量范围很宽。

量程自动转换原理：单片机在第一个频率记录中发现频率过小，即通过继电器改变 R_1 和 R_2 的值，再测频率，求出 C_x 值，从而达到转换量程的目的。

三、测 L_x 的电容三点式振荡电路

电感的测量是采用电容三点式振荡电路来实现的，如图 6.7 所示。三点式电路是指：LC 回路中与发射极相连的两个电抗元件必须是同性质的，另外一个电抗元件必须为异性质的。当与发射极相连的两个电抗元件同为电容时，该三点式电路称为电容三点式电路。

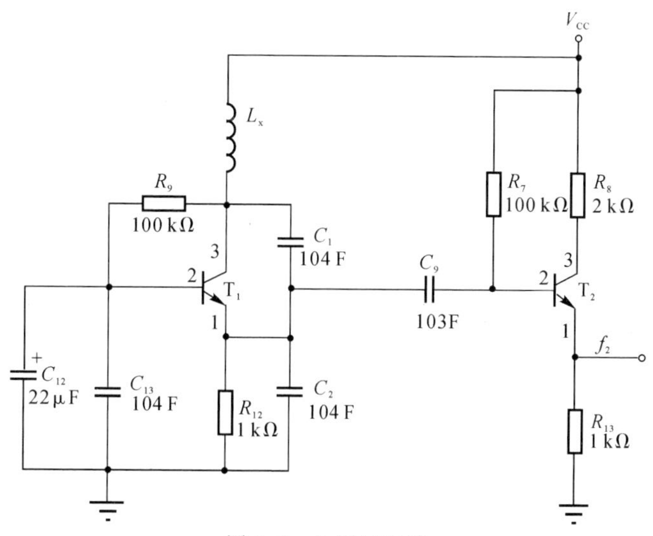

图 6.7　L 测试电路

$$f_x = \frac{1}{2\pi\sqrt{LC}}$$

其中

$$C = \frac{C_1C_2}{C_1 + C_2} = 0.05\mu\text{F}$$

对于 100 μH 的电感，$f = 71.21$ kHz；

对于 10 mH 的电感，$f = 7.121$ kHz。

由于频率很高，为了克服单片机的计数误差，所以在测电感这一挡时应该加入分频电路。此电路使用了一片 CD4017(十进制计数/分配器)作为 10 分频用。该器件是具有 10 个译码输出的 5 段约翰逊计数器，每个译码输出通常处于低电平。当处于时钟脉冲由低到高的转换过程时，每个输出端依次进入高电平，并在高电平维持 10 个时钟周期中的 1 个时钟周期；输出进入低电平后，进位输出由低到高，并能与时钟允许端连接成 N 级，其典型工作频率为 30 MHz。

四、多路开关选择电路

CD4052 是双 4 选 1 的模拟开关选择器件，利用 CD4052 实现测量类别的转换。选择了某一通道的频率后，输出频率作为 CPU 计数器的时钟源并开始计数；计数到 1s 后读出计数器的值，这就得到了被测 R,C,L 所对应产生的频率；通过计算得到需测值，并显示。

五、按键及数码管显示电路

按键和发光二极管分别表示不同类别的测量，见表 6.1。

表 6.1　按键及二极管对应的测试项

按键	二极管	对应测试项
KEY_1	L_1	测试 R
KEY_2	L_2	测试 C
KEY_3	L_3	测试 L

数码管显示电路如图 6.8 所示。

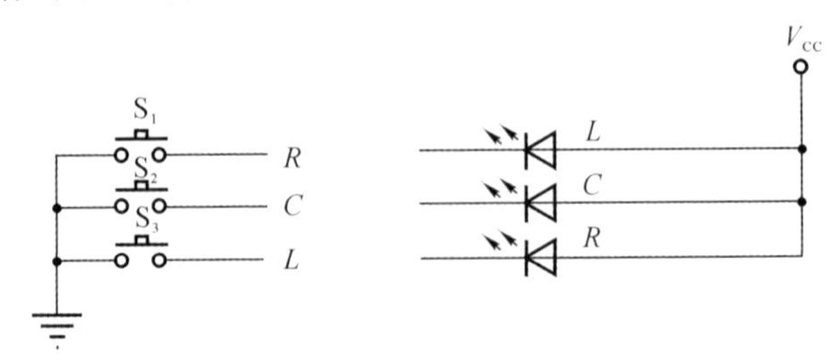

图 6.8　显示电路

当某按键按下时，相应的测试项即被选择，同时相应的发光二极管点亮作为指示。

如图 6.9 所示，显示部分采用 4 位数码管，左边第一位小数点常亮，前 3 位代表有效数字，第 4 位代表数量级。若显示为“A. BCD”，则读数应为“$\text{A. BC}\times10^{D}$”，量纲根据被测类别的不同分别为欧姆、微法和亨利。

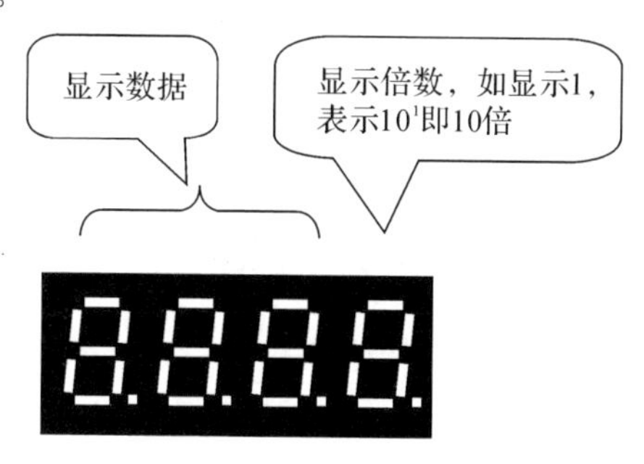

图 6.9　4位数码管显示

六、系统软件设计

由电路原理可以看出，仪表的精度只与校准用的电阻、电容、电感的精度成比例，而与所用的电阻、电容、电感的标称值精度无关。例如 $L=1/4\pi^2 f^2 C=K/f^2$，只需用标准电感 L 测出频率 f，就可求得常数 K，而无须知道 C 原来的精确值。

单片机每次计算出的频率值，先判断量程是否正确，然后通过浮点计算求出相应的参数值。浮点运算采用24位，3个字节的长度，第1字节最高位为符号，低7位为阶码，第2字节为尾数的高字节，第3字节为尾数的低字节。这种运算的精度优于 $1/10^4$，因此采用这种计算方法后误差达到最低限度。

软件流程图如图6.10所示。

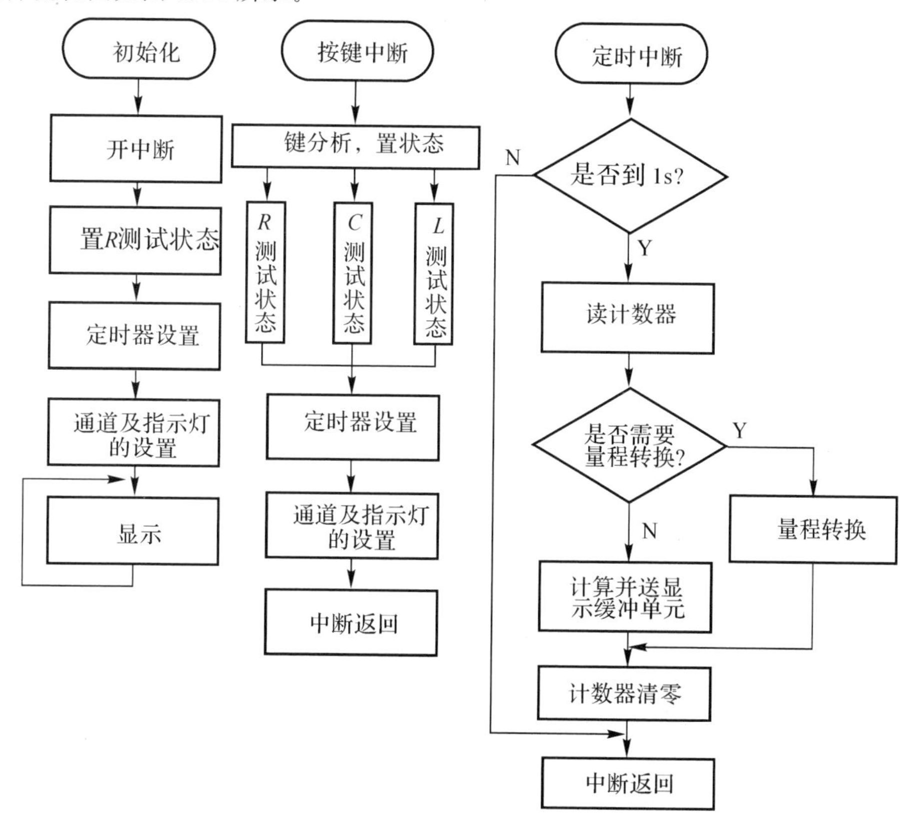

图 6.10　软件流程图

6.1.4 测试报告

一、电阻测量数据

电阻测量数据见表6.2。

表6.2 电阻测量数据表

电阻标称值	万用表读数	本仪表读数
100 Ω	101.9 Ω	102 Ω
6.2 kΩ	6.19 kΩ	6.43 kΩ
10 kΩ	9.89 kΩ	10.2 kΩ
370 kΩ	362 kΩ	360 kΩ
510 kΩ	513.7 kΩ	511 kΩ

二、电容测量数据

电容测量数据见表6.3。

表6.3 电容测量数据表

电容标称值	万用表读数	本仪表读数
220 pF	214 pF	231 pF
680 pF	656 pF	669 pF
1 000 pF	970 pF	994 pF
10 nF	9.8 nF	11 nF
1 μF	1.05 μF	1.05 μF

三、电感测量数据

本实例采用了一个标准电感来进行验证，其数据如下：

标准电感为1 000 μH。

本仪表读数为1 002 μH。

6.1.5 电路原理图与源程序

为了便于阅读，本小节中附上了电路原理图和单片机源程序代码，并加注了比较详细的注释。

一、电路原理图

电路原理图如图6.11所示。

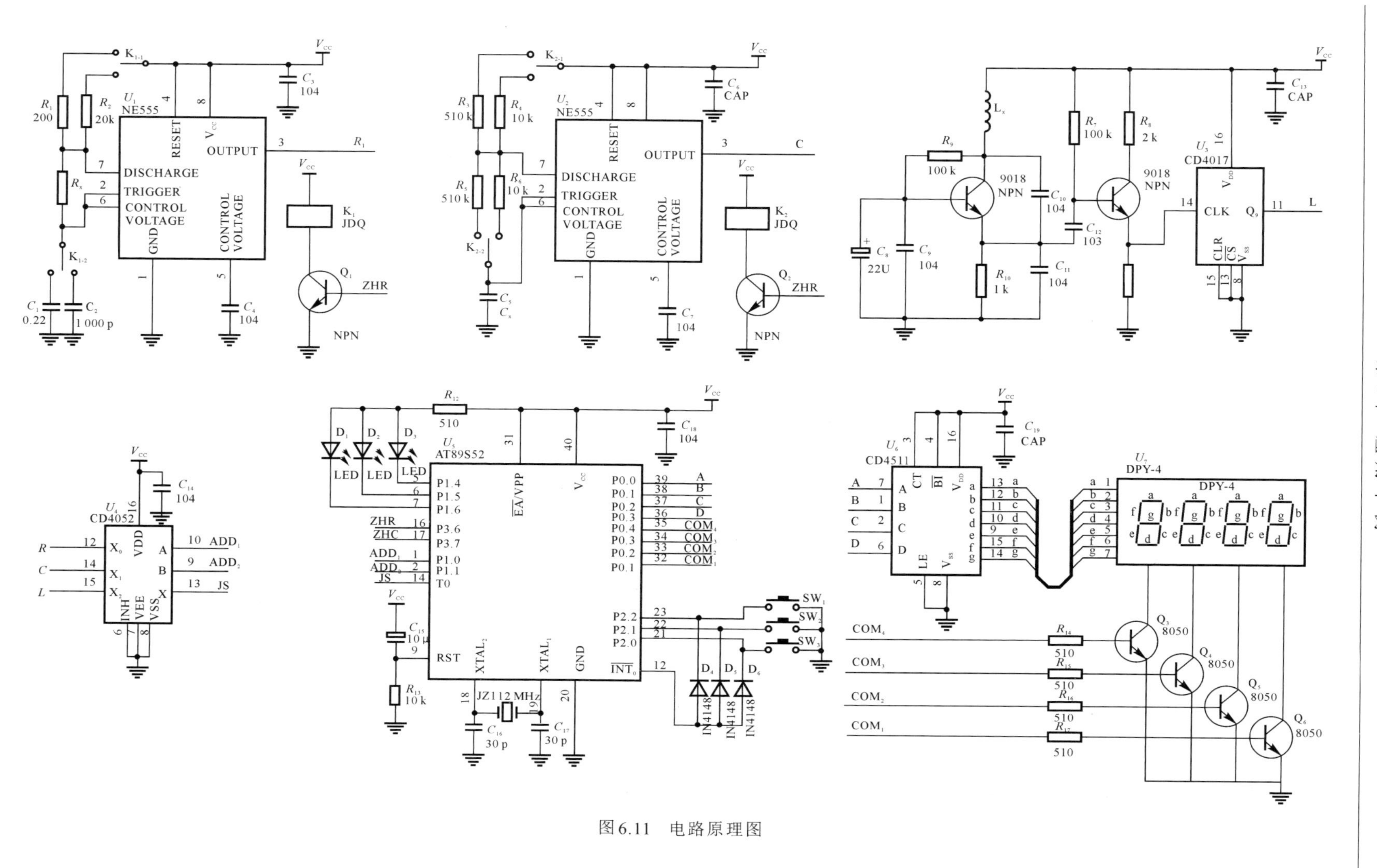
NE555
CD4017
CD4511
DPY-4
AT89S52
CD4052
9018 NPN
8050
JDQ
ZHR
NPN
IN4148
JZ112 MHz
OUTPUT
RESET
DISCHARGE
TRIGGER
CONTROL VOLTAGE
GND
CLK
CLR
VDD
VEE
VSS
INH
EA/VPP
XTAL1
XTAL2
RST
LED
COM1
COM2
COM3
COM4
ADD1
ADD2
JS

图6.11 电路原理图

二、源程序

```
        ORG     0000H
        AJMP    MAIN
        ORG     0003H           ;按键中断向量区
        LJMP    KEYIN
        ORG     001BH           ;计数器中断向量区
        LJMP    TT1
        ORG     0030H
MAIN:                           ;主程序
        SETB    EA              ;使能总中断
        SETB    ET1             ;使能定时器 1 中断
        SETB    ET0             ;使能计数器 0 中断
        SETB    PT0             ;置计数器 0 为高优先级
        MOV     TMOD,#25H       ;计数器状态设定
        CLR     IT0             ;外部中断为低电平触发
        MOV     SP,#60H         ;重置堆栈指针
        MOV     7FH,#00H        ;定义显示缓存区
        MOV     7EH,#00H
        MOV     7DH,#00H
        MOV     7CH,#00H
        MOV     P2,#0FFH
        SETB    EX0             ;使能外部中断
        SETB    TR1             ;启动 T1
        SETB    TR0             ;启动 T0
        LJMP    TEXTR0
TEXTR0:                         ;第一量程测量电阻
        SETB    P3.6            ;置状态
        MOV     P1,#0E0H
        MOV     TH1,#05H
        MOV     TL1,#05H
        MOV     TL0,#00H
        MOV     TH0,#00H
        MOV     40H,#00H
        LJMP    XIANSHI         ;调用显示子程序
TEXTR0_STATE:                   ;电阻第一量程状态子程序
        SETB    P3.6            ;置状态
        MOV     P1,#0E0H
        MOV     TH1,#05H
        MOV     TL1,#05H
```

```
        MOV     TL0,#00H
        MOV     TH0,#00H
        MOV     40H,#00H
        RET
JISUANR0:                          ;计数并转换量程
        INC     57H
        MOV     A,57H
        CJNE    A,#80,FAN0
        MOV     57H,#00H
        INC     56H
        MOV     A,56H
        CJNE    A,#50,FAN0
        MOV     56H,#00H
        JMP     CCC0
FAN0:   LJMP    FANHUI0
CCC0:   CLR     TR0
        CLR     TR1
        MOV     A,TH0
        JNZ     XXX0
        MOV     A,TL0
        JNZ     XXX0
        MOV     7CH,#0FH
        MOV     7DH,#0FH
        MOV     7EH,#0FH
        MOV     7FH,#01H
        LJMP    GOON0
XXX0:
        MOV     A,TH0
        CJNE    A,#01H,YYY0
        JMP     YUYU0
YYY0:   JNZ     BBB0
YUYU0:
        LCALL   TEXTR1_STATE
        LJMP    GOON0
BBB0:                              ;根据计数值计算结果
        MOV     30H,#10H
        MOV     31H,TH0
        MOV     32H,TL0
        MOV     R0,#30H
```

```
        LCALL   FSDT
        MOV     33H,#07H
        MOV     34H,#37H
        MOV     35H,#60H
        MOV     R0,#33H
        LCALL   BTOF
        MOV     R1,#30H
        LCALL   FDIV
        MOV     30H,#03H
        MOV     31H,#14H
        MOV     32H,#62H
        MOV     R0,#30H
        LCALL   BTOF
        MOV     R0,#33H
        LCALL   FSUB
        LCALL   FTOB
        ANL33H,#0FH
        MOV     A,33H
        JZAAA0
        DEC33H
AAA0:
        MOV     7CH,33H
        MOV     A,34H
        ANL     A,#0F0H
        SWAP    A
        MOV     7FH,A
        MOV     A,34H
        ANL     A,#0FH
        MOV     7EH,A
        MOV     A,35H
        ANL     A,#0F0H
        SWAP    A
        MOV     7DH,A
GOON0:  MOV     TH1,#05H
        MOV     TL1,#05H
        MOV     TL0,#00H
        MOV     TH0,#00H
        SETB    TR0
        SETB    TR1
```

```
FANHUI0:RET

TEXTR1:                             ;第二量程测量电阻
        CLR     P3.6                ;置状态
        MOV     P1,#0E0H
        MOV     TH1,#05H
        MOV     TL1,#05H
        MOV     TL0,#00H
        MOV     TH0,#00H
        MOV     40H,#01H
        LJMP    XIANSHI             ;显示
TEXTR1_STATE:                       ;电阻第二量程状态子程序
        CLR     P3.6                ;置状态
        MOV     P1,#0E0H
        MOV     TH1,#05H
        MOV     TL1,#05H
        MOV     TL0,#00H
        MOV     TH0,#00H
        MOV     40H,#01H
        RET
JISUANR1:                           ;计数并转换量程
        MOV     A,TH0
        CJNE    A,#8CH,YUYU1
VVV1:   MOV     56H,#00H
        MOV     57H,#00H
        LCALL   TEXTR0_STATE
        JMP     GOON1
YUYU1:  JNC     VVV1
        INC     57H
        MOV     A,57H
        CJNE    A,#80,FAN1
        MOV     57H,#00H
        INC     56H
        MOV     A,56H
        CJNE    A,#50,FAN1
        MOV     56H,#00H
        JMP     CCC1
FAN1:   LJMP      FANHUI1
CCC1:   CLR         TR0
```

```
        CLR     TR1
YYY1:   MOV     A,TH0
        JNZ     XXX1
        MOV     A,TL0
        JNZ     XXX1
        MOV     7CH,#0FH
        MOV     7DH,#0FH
        MOV     7EH,#0FH
        MOV     7FH,#01H
        LCALL   TEXTR0_STATE
        LJMP    GOON1
XXX1:   MOV     30H,#10H        ;计数并转换量程
        MOV     31H,TH0
        MOV     32H,TL0
        MOV     R0,#30H
        LCALL   FSDT
        MOV     33H,#09H
        MOV     34H,#78H
        MOV     35H,#16H
        MOV     R0,#33H
        LCALL   BTOF
        MOV     R1,#30H
        LCALL   FDIV
        MOV     30H,#05H
        MOV     31H,#13H
        MOV     32H,#01H
        MOV     R0,#30H
        LCALL   BTOF
        MOV     R0,#33H
        LCALL   FSUB
        LCALL   FTOB
        ANL     33H,#0FH
        MOV     A,33H
        JZ      AAA1
        DEC     33H
AAA1:
        MOV     7CH,33H
        MOV     A,34H
        ANL     A,#0F0H
```

```
        SWAP    A
        MOV     7FH,A
        MOV     A,34H
        ANL     A,#0FH
        MOV     7EH,A
        MOV     A,35H
        ANL     A,#0F0H
        SWAP    A
        MOV     7DH,A
GOON1:  MOV     TH1,#05H
        MOV     TL1,#05H
        MOV     TL0,#00H
        MOV     TH0,#00H
        SETB    TR0
        SETB    TR1
FANHUI1:RET
TEXTC2:                         ;电容第一量程子程序
        SETB    P3.7            ;置状态
        MOV     P1,#0D1H
        MOV     TH1,#05H
        MOV     TL1,#05H
        MOV     TL0,#00H
        MOV     TH0,#00H
        MOV     40H,#02H
        LJMP    XIANSHI
TEXTC2_STATE:                   ;电容第一量程状态子程序
        SETB    P3.7            ;置状态
        MOV     P1,#0D1H
        MOV     TH1,#05H
        MOV     TL1,#05H
        MOV     TL0,#00H
        MOV     TH0,#00H
        MOV     40H,#02H
        RET

JISUANC2:                       ;计数并转换量程
        MOV     A,TH0
        CJNE    A,#27H,YUYU2
VVV2:   MOV     56H,#00H
```

```
            MOV     57H,#00H
            JMP     UUU2
YUYU2:      JNC     VVV2
            INC     57H
            MOV     A,57H
            CJNE    A,#80,FAN2
            MOV     57H,#00H
            INC     56H
            MOV     A,56H
            CJNE    A,#50,FAN2
            MOV     56H,#00H
            JMP     CCC2
FAN2:       LJMP    FANHUI2
CCC2:       CLR     TR0
            CLR     TR1
            MOV     A,TH0
            JNZ     XXX2
            MOV     A,TL0
            JNZ     XXX2
UUU2:       MOV     7CH,#00H
            MOV     7DH,#00H
            MOV     7EH,#00H
            MOV     7FH,#00H
            LJMP    GOON2
XXX2:
            MOV     A,TH0
            CJNE    A,#02H,PPP2_0
            JMP     OOO2_0
PPP2_0:     CJNE    A,#01H,PPP2_1
            JMP     OOO2_0
PPP2_1:     CJNE    A,#00H,BBB2
OOO2_0:     LCALL   TEXTC3_STATE
BBB2:                                       ;计算结果
            MOV     30H,#10H
            MOV     31H,TH0
            MOV     32H,TL0
            MOV     R0,#30H
            LCALL   FSDT
            MOV     33H,#06H
```

```
        MOV     34H,#92H
        MOV     35H,#54H
        MOV     R0,#33H
        LCALL   BTOF
        MOV     R1,#30H
        LCALL   FDIV
        LCALL   FTOB
        ANL     33H,#0FH
        MOV     A,33H
        JZ      AAA2
        DEC     33H
AAA2:
        MOV     7CH,33H
        MOV     A,34H
        ANL     A,#0F0H
        SWAP    A
        MOV     7FH,A
        MOV     A,34H
        ANL     A,#0FH
        MOV     7EH,A
        MOV     A,35H
        ANL     A,#0F0H
        SWAP    A
        MOV     7DH,A
GOON2:  MOV     TH1,#05H
        MOV     TL1,#05H
        MOV     TL0,#00H
        MOV     TH0,#00H
        SETB    TR0
        SETB    TR1
FANHUI2:RET
TEXTC3_STATE:                           ;电容第二量程状态子程序
        CLR     P3.7                    ;置状态
        MOV     P1,#0D1H
        MOV     TH1,#05H
        MOV     TL1,#05H
        MOV     TL0,#00H
        MOV     TH0,#00H
        MOV     40H,#03H
```

```
        RET
JISUANC3:                               ;电容第二量程子程序
        MOV     A,TH0                   ;置状态
        CJNE    A,#0BCH,YUYU3           ;计数并转换量程
VVV3:   MOV     56H,#00H
        MOV     57H,#00H
        LCALL   TEXTC2_STATE
        JMP     GOON3
YUYU3:  JNC     VVV3
        INC     57H
        MOV     A,57H
        CJNE    A,#80,FAN3
        MOV     57H,#00H
        INC     56H
        MOV     A,56H
        CJNE    A,#50,FAN3
        MOV     56H,#00H
        JMP     CCC3
FAN3:   LJMP    FANHUI3
CCC3:   CLR     TR0
        CLR     TR1
        MOV     A,TH0
        JNZ     XXX3
        MOV     A,TL0
        JNZ     XXX3
        MOV     7CH,#00H
        MOV     7DH,#00H
        MOV     7EH,#00H
        MOV     7FH,#00H
        LCALL   TEXTC2_STATE
        LJMP    GOON3
XXX3:                                   ;计算结果
        MOV     30H,#10H
        MOV     31H,TH0
        MOV     32H,TL0
        MOV     R0,#30H
        LCALL   FSDT
        MOV     33H,#78H
        MOV     34H,#20H
```

```
        MOV     35H,#79H
        MOV     R0,#33H
        LCALL   BTOF
        MOV     R0,#30H
        MOV     R1,#33H
        LCALL   FMUL
        MOV     33H,#01H
        MOV     34H,#10H
        MOV     35H,#00H
        MOV     R0,#33H
        LCALL   BTOF
        MOV     R1,#30H
        LCALL   FDIV
        LCALL   FTOB
        ANL     33H,#0FH
        MOV     A,33H
        JZ      AAA3
        DEC     33H
AAA3:
        MOV     7CH,33H
        MOV     A,34H
        ANL     A,#0F0H
        SWAP    A
        MOV     7FH,A
        MOV     A,34H
        ANL     A,#0FH
        MOV     7EH,A
        MOV     A,35H
        ANL     A,#0F0H
        SWAP    A
        MOV     7DH,A
GOON3:  MOV     TH1,#05H
        MOV     TL1,#05H
        MOV     TL0,#00H
        MOV     TH0,#00H
        SETB    TR0
        SETB    TR1
FANHUI3: RET
TEXTL4_STATE:                          ;电感测量状态子程序
```

```
        MOV     P1,#0B2H        ;电感测量子程序
        MOV     TH1,#05H
        MOV     TL1,#05H
        MOV     TL0,#00H
        MOV     TH0,#00H
        MOV     40H,#04H
        RET
JISU    ANL     4:              ;计数
        INC     57H
        MOV     A,57H
        CJNE    A,#80,FAN4
        MOV     57H,#00H
        INC     56H
        MOV     A,56H
        CJNE    A,#50,FAN4
        MOV     56H,#00H
        JMP     CCC4
FAN4:   LJMP    FANHUI4
CCC4:   CLR     TR0
        CLR     TR1
        MOV     A,TH0
        JNZ     XXX4
        MOV     A,TL0
        JNZ     XXX4
UUU4:   MOV     7CH,#00H
        MOV     7DH,#00H
        MOV     7EH,#00H
        MOV     7FH,#00H
        LJMP    GOON4
XXX4:                           ;计算结果
        MOV     30H,#10H
        MOV     31H,TH0
        MOV     32H,TL0
        MOV     R0,#30H
        LCALL   FSDT
        LCALL   FSQU
        MOV     33H,#0AH
        MOV     34H,#64H
        MOV     35H,#37H
```

```
        MOV     R0,＃33H
        LCALL   BTOF
        MOV     R1,＃30H
        LCALL   FDIV
        LCALL   FTOB
        ANL     33H,＃0FH
        MOV     A,33H
        JZ      AAA4
        DEC     33H
AAA4:
        MOV     7CH,33H
        MOV     A,34H
        ANL     A,＃0F0H
        SWAP    A
        MOV     7FH,A
        MOV     A,34H
        ANL     A,＃0FH
        MOV     7EH,A
        MOV     A,35H
        ANL     A,＃0F0H
        SWAP    A
        MOV     7DH,A
GOON4:  MOV     TH1,＃05H
        MOV     TL1,＃05H
        MOV     TL0,＃00H
        MOV     TH0,＃00H
        SETB    TR0
        SETB    TR1
FANHUI4:RET

TT1:                                ;T1中断服务子程序
        PUSH    ACC                 ;保护断点
        PUSH    PSW
        MOV     A,40H
        CLR     C
        RLC     A
        RLC     A
        RLC     A
        MOV     DPTR,＃TABJ1        ;根据当前状态进行散转
```

```
        JMP         @A+DPTR
TABJ1:
        LCALL       JISUANR0            ;电阻第一量程
        LJMP        FANHUI
        NOP
        NOP
        LCALL       JISUANR1            ;电阻第二量程
        LJMP        FANHUI
        NOP
        NOP
        LCALL       JISUANC2            ;电容第一量程
        LJMP        FANHUI
        NOP
        NOP
        LCALL       JISUANC3            ;电容第二量程
        LJMP        FANHUI
        NOP
        NOP
        LCALL       JISUANL4            ;电感测量
        NOP
        NOP

FANHUI: POP         PSW                 ;恢复现场
        POP         ACC
        RETI                            ;中断返回


XIANSHI:                                ;显示子程序
        LCALL       LEDSCAN             ;调用数码管扫描子程序
        LJMP        XIANSHI
;浮点运算子程序
; 1,FSDT        浮点数格式化            F[R0]→[RO]GeShiHua
; 2,FADD        浮点数加法              F[R0]+[R1]=[R0],OV
; 3,FSUB        浮点数减法              F[R0]-[R1]=[R0],OV
; 4,FMUL        浮点数乘法              F[R0]x[R1]=[R0],OV
; 5,FDIV        浮点数除法              F[R0]/[R1]=R0,OV
; 6, FCLR       浮点数清零              F[R0]=0
; 7, FZER       浮点数判零              A=0--F[R0]=0
; 8, FMOV       浮点数传送              F[R0]=F[R1]
```

```
; 9, FPUS     浮点数压栈                       PUSH F[R0]
;10, FPOP     浮点数出栈                       POP F[R0]
;11, FCM      浮点数代数值比较                 CY=1--[R0]<[R1];
                                               CY=0&&A=0—
                                               {R0]=[R1];ELSE [R0]>[R1]
;12, FABS     浮点数绝对值                     | F[R0]|=[R0]
;13, FSGN     浮点数符号                       [R0] A=1>+,A=0FFH>-,
                                               A=0>[R0]=0
;14, FINT     浮点取整函数                     F[R0]QuZheng
;15, FRCP     浮点倒数函数                     1/F[R0]=R0,OV
;16, FSQU     浮点数二次方                     F[R0]*[RO]=[R0],OV
;17, FSQR     浮点数开二次方                   /--F[R0]=[R0],OV
;18, FPLN     浮点数多项式                     F[R0]DuoXiangShi=[R0],OV
;19, FLOG     以10为底对数函数                 LgF[R0]=[R0],OV
;20, FLN      以e为底对数函数                  LnF[R0]=[R0],OV
;21, FE10     以10为底指浮点数函数             10`[R0]=[R0],OV
;22, FEXP     以e为底浮点指数函数              e`[R0]=[R0],OV
;23, FE2      以2为底浮点指数函数              2`[R0]=[R0],OV
;24, DTOF     双字节定点数转换成格式化浮点数   [R0],1FH,A→F[R0]
;25, FTOD     格式化浮点数转换成双字节定点数   F[R0]→[R0],1FH,A
;26, BTOF     浮点BCD码转格式化浮点数          BCDF[R0]=F[R0]
;27, FTOB     格式化浮点数转浮点BCD码          F[R0]=BCDF[R0]
;28, FCOS     浮点余弦函数                     COSF[R0]=[R0]
;29, FSIN     浮点正弦函数                     SINF[R0]=[R0]
;30, FATN     浮点正切函数                     arcctgF[R0]=[R0]
;31, RTOD     浮点弧度数转浮点度数             HuF[R0]=DuF[R0]
;32, DTOR     浮点度数转浮点弧度数             DuF[R0]=HuF[R0]
;**********************************************
;(1)标号:FSDT 功能:浮点数格式化
;入口条件:待格式化浮点操作数在[R0]中。
;出口信息:已格式化浮点操作数仍在[R0]中。
;影响资源:PSW,A,R2,R3,R4,位1FH 堆栈需求:6字节
FSDT: LCALL   MVR0     ;将待格式化操作数传送到第一工作区中
      LCALL   RLN      ;通过左规完成格式化
L     JMP     MOV0     ;将已格式化浮点操作数传回到[R0]中
;**********************************************
;(2)标号:FADD 功能:浮点数加法
;入口条件:被加数在[R0]中,加数在[R1]中。
;出口信息:OV=0时,和仍在[R0]中,OV=1时,溢出。
```

```
;影响资源:PSW,A,B,R2~R7,位 1EH,1FH 堆栈需求: 6 字节
FADD:CLR      F0          ;设立加法标志
     SJMP     AS          ;计算代数和
;***********************************************
;(3)标号: FSUB 功能:浮点数减法
;入口条件:被减数在[R0]中,减数在[R1]中。
;出口信息:OV=0 时,差仍在[R0]中,OV=1 时,溢出。
;影响资源:PSW,A,B,R2~R7,位 1EH,1FH 堆栈需求:6 字节
FSUB:  SETB    F0              ;设立减法标志
AS:    LCALL   MVR1            ;计算代数和。先将[R1]传送到第二工作区
       MOV     C,F0            ;用加减标志来校正第二操作数的有效符号
       RRC     A
       XRL     A,@R1
       MOV     C,ACC.7
ASN:   MOV     1EH,C           ;将第二操作数的有效符号存入位 1EH 中
       XRL     A,@R0           ;与第一操作数的符号比较
       RLC     A
       MOV     F0,C            ;保存比较结果
       LCALL   MVR0            ;将[R0]传送到第一工作区中
       LCALL   AS1             ;在工作寄存器中完成代数运算
MOV0:  INC     R0              将结果传回到[R0]中的子程序入口
       INC     R0
       MOV     A,R4            ;传回尾数的低字节
       MOV     @R0,A
       DEC     R0
       MOV     A,R3            ;传回尾数的高字节
       MOV     @R0,A
       DEC     R0
       MOV     A,R2            ;取结果的阶码
       MOV     C,1FH           ;取结果的数符
       MOV     ACC.7,C         ;拼入阶码中
       MOV     @R0,A
       CLR     ACC.7           ;不考虑数符
       CLR     OV              ;清除溢出标志
       CJNE    A,#3FH,MV01     ;阶码是否上溢?
       SETB    OV              ;设立溢出标志
MV01:  MOV     A,@R0           ;取出带数符的阶码
       RET
MVR0:  MOV     A,@R0           ;将[R0]传送到第一工作区中的子程序
```

```
        MOV     C,ACC.7        ;将数符保存在位 1FH 中
        MOV     1FH,C
        MOV     C,ACC.6        ;将阶码扩充为 8bit 补码
        MOV     ACC.7,C
        MOV     R2,A           ;存放在 R2 中
        INC     R0
        MOV     A,@R0          ;将尾数高字节存放在 R3 中
        MOV     R3,A
        INC     R0
        MOV     A,@R0          ;将尾数低字节存放在 R4 中
        MOV     R4,A
        DEC     R0             ;恢复数据指针
        DEC     R0
        RET
MVR1:   MOV     A,@R1          ;将[R1]传送到第二工作区中的子程序
        MOV     C,ACC.7        ;将数符保存在位 1EH 中
        MOV     1EH,C
        MOV     C,ACC.6        ;将阶码扩充为 8bit 补码
        MOV     ACC.7,C
        MOV     R5,A           ;存放在 R5 中
        INC     R1
        MOV     A,@R1          ;将尾数高字节存放在 R6 中
        MOV     R6,A
        INC     R1
        MOV     A,@R1          ;将尾数低字节存放在 R7 中
        MOV     R7,A
        DEC     R1             ;恢复数据指针
        DEC     R1
        RET
AS1:    MOV     A,R6           ;读取第二操作数尾数高字节
        ORL     A,R7
        JZ      AS2            ;第二操作数为零,不必运算
        MOV     A,R3           ;读取第一操作数尾数高字节
        ORL     A,R4
        JNZ     EQ1
        MOV     A,R6           ;第一操作数为零,结果以第二操作数为准
        MOV     R3,A
        MOV     A,R7
        MOV     R4,A
```

```
        MOV     A,R5
        MOV     R2,A
        MOV     C,1EH
        MOV     1FH,C
AS2:    RET
EQ1:    MOV     A,R2            ;对阶,比较两个操作数的阶码
        XRL     A,R5
        JZ      AS4             ;阶码相同,对阶结束
        JB      ACC.7,EQ3       ;阶符互异
        MOV     A,R2            ;阶符相同,比较大小
        CLR     C
        SUBB    A,R5
        JC      EQ4
EQ2:    CLR     C               ;第二操作数右规一次
        MOV     A,R6            ;尾数缩小一半
        RRC     A
        MOV     R6,A
        MOV     A,R7
        RRC     A
        MOV     R7,A
        INC     R5              ;阶码加一
        ORL     A,R6            ;尾数为零否?
        JNZ     EQ1             ;尾数不为零,继续对阶
        MOV     A,R2            ;尾数为零,提前结束对阶
        MOV     R5,A
        SJMP    AS4
EQ3:    MOV     A,R2            ;判断第一操作数阶符
        JNB     ACC.7,EQ2       ;如为正,右规第二操作数
EQ4:    CLR     C
        LCALL   RR1             ;第一操作数右规一次
        ORL     A,R3            ;尾数为零否?
        JNZ     EQ1             ;不为零,继续对阶
        MOV     A,R5            ;尾数为零,提前结束对阶
        MOV     R2,A
AS4:    JB      F0,AS5          ;尾数加减判断
        MOV     A,R4            ;尾数相加
        ADD     A,R7
        MOV     R4,A
        MOV     A,R3
```

```
        ADDC    A,R6
        MOV     R3,A
        JNC     AS2
        LJMP    RR1             ;有进位,右规一次
AS5:    CLR     C               ;比较绝对值大小
        MOV     A,R4
        SUBB    A,R7
        MOV     B,A
        MOV     A,R3
        SUBB    A,R6
        JC      AS6
        MOV     R4,B            ;第一尾数减第二尾数
        MOV     R3,A
        LJMP    RLN             ;结果规格化
AS6:    CPL     1FH             ;结果的符号与第一操作数相反
        CLR     C               ;结果的绝对值为第二尾数减第一尾数
        MOV     A,R7
        SUBB    A,R4
        MOV     R4,A
        MOV     A,R6
        SUBB    A,R3
        MOV     R3,A
RLN:    MOV     A,R3            ;浮点数规格化
        ORL     A,R4            ;尾数为零否?
        JNZ     RLN1
        MOV     R2,#0C1H        ;阶码取最小值
        RET
RLN1:   MOV     A,R3
        JB      ACC.7,RLN2      ;尾数最高位为一否?
        CLR     C               ;不为一,左规一次
        LCALL   RL1
        SJMP    RLN             ;继续判断
RLN2:   CLR     OV              ;规格化结束
        RET
RL1:    MOV     A,R4            ;第一操作数左规一次
        RLC     A               ;尾数扩大一倍
        MOV     R4,A
        MOV     A,R3
        RLC     A
```

```
        MOV     R3,A
        DEC     R2                  ;阶码减一
        CJNE    R2,#0C0H,RL1E       ;阶码下溢否?
        CLR     A
        MOV     R3,A                ;阶码下溢,操作数以零计
        MOV     R4,A
        MOV     R2,#0C1H
RL1E:   CLR     OV
        RET
RR1:    MOV     A,R3                ;第一操作数右规一次
        RRC     A                   ;尾数缩小一半
        MOV     R3,A
        MOV     A,R4
        RRC     A
        MOV     R4,A
        INC     R2                  ;阶码加一
        CLR     OV                  ;清溢出标志
        CJNE    R2,#40H,RR1E        ;阶码上溢否?
        MOV     R2,#3FH             ;阶码溢出
        SETB    OV
RR1E:   RET
;*************************************
;(4)标号:FMUL 功能:浮点数乘法
;入口条件:被乘数在[R0]中,乘数在[R1]中
;出口信息:OV=0 时,积仍在[R0]中,OV=1 时,溢出
;影响资源:PSW,A,B,R2~R7,位 1EH,1FH 堆栈需求:6 字节
FMUL:   LCALL   MVR0                ;将[R0]传送到第一工作区中
        MOV     A,@R0
        XRL     A,@R1               ;比较两个操作数的符号
        RLC     A
        MOV     1FH,C               ;保存积的符号
        LCALL   MUL0                ;计算积的绝对值
        LJMP    MOV0                ;将结果传回到[R0]中
MUL0:   LCALL   MVR1                ;将[R1]传送到第二工作区中
MUL1:   MOV     A,R3                ;第一尾数为零否?
        ORL     A,R4
        JZ      MUL6
        MOV     A,R6                ;第二尾数为零否?
        ORL     A,R7
```

```
        JZ      MUL5
        MOV     A,R7            ;计算 R3R4×R6R7→R3R4
        MOV     B,R4
        MUL     AB
        MOV     A,B
        XCH     A,R7
        MOV     B,R3
        MUL     AB
        ADD     A,R7
        MOV     R7,A
        CLR     A
        ADD     CA,B
        XCH     A,R4
        MOV     B,R6
        MUL     AB
        ADD     A,R7
        MOV     R7,A
        MOV     A,B
        ADD     CA,R4
        MOV     R4,A
        CLR     A
        RLC     A
        XCH     A,R3
        MOV     B,R6
        MUL     AB
        ADD     A,R4
        MOV     R4,A
        MOV     A,B
        ADD     CA,R3
        MOV     R3,A
        JB      ACC.7,MUL2      ;积为规格化数否?
        MOV     A,R7            ;左规一次
        RLC     A
        MOV     R7,A
        LCALL   RL1
MUL2:   MOV     A,R7
        JNB     ACC.7,MUL3
        INC     R4
        MOV     A,R4
```

```
        JNZ     MUL3
        INC     R3
        MOV     A,R3
        JNZ     MUL3
        MOV     R3,#80H
        INC     R2
MUL3:   MOV     A,R2            ;求积的阶码
        ADD     A,R5
MD:     MOV     R2,A            ;阶码溢出判断
        JB      ACC.7,MUL4
        JNB     ACC.6,MUL6
        MOV     R2,#3FH         ;阶码上溢,设立标志
        SETB    OV
        RET
MUL4:   JB      ACC.6,MUL6
MUL5:   CLR     A               ;结果清零(因子为零或阶码下溢)
        MOV     R3,A
        MOV     R4,A
        MOV     R2,#41H
MUL6:   CLR     OV
        RET
;************************************
;(5)标号: FDIV 功能:浮点数除法
;入口条件:被除数在[R0]中,除数在[R1]中。
;出口信息:OV=0时,商仍在[R0]中,OV=1时,溢出。
;影响资源:PSW,A,B,R2~R7,位1EH,1FH 堆栈需求: 5字节
FDIV:   INC     R0
        MOV     A,@R0
        INC     R0
        ORL     A,@R0
        DEC     R0
        DEC     R0
        JNZ     DIV1
        MOV     @R0,#41H        ;被除数为零,不必运算
        CLR     OV
        RET
DIV1:   INC     R1
        MOV     A,@R1
        INC     R1
```

```
        ORL     A,@R1
        DEC     R1
        DEC     R1
        JNZ     DIV2
        SETB    OV              ;除数为零,溢出
        RET
DIV2:   LCALL   MVR0            ;将[R0]传送到第一工作区中
        MOV     A,@R0
        XRL     A,@R1           ;比较两个操作数的符号
        RLCA
        MOV     1FH,C           ;保存结果的符号
        LCALL   MVR1            ;将[R1]传送到第二工作区中
        LCALL   DIV3            ;调用工作区浮点除法
        LJMP    MOV0            ;回传结果
DIV3:   CLR     C               ;比较尾数的大小
        MOV     A,R4
        SUBB    A,R7
        MOV     A,R3
        SUBB    A,R6
        JC      DIV4
        LCALL   RR1             ;被除数右规一次
        SJMP    DIV3
DIV4:   CLR     A               ;借用R0R1R2作工作寄存器
        XCH     A,R0            ;清零并保护之
        PUSH    ACC
        CLR     A
        XCH     A,R1
        PUSH    ACC
        MOV     A,R2
        PUSH    ACC
        MOV     B,#10H          ;除法运算,R3R4/R6R7→R0R1
DIV5:   CLR     C
        MOV     A,R1
        RLC     A
        MOV     R1,A
        MOV     A,R0
        RLC     A
        MOV     R0,A
        MOV     A,R4
```

```
        RLC     A
        MOV     R4,A
        XCH     A,R3
        RLC     A
        XCH     A,R3
        MOV     F0,C
        CLR     C
        SUBB    A,R7
        MOV     R2,A
        MOV     A,R3
        SUBB    A,R6
        ANL     C,/F0
        JC      DIV6
        MOV     R3,A
        MOV     A,R2
        MOV     R4,A
        INC     R1
DIV6:D  JNZ     B,DIV5
        MOV     A,R6                ;四舍五入
        CLR     C
        RRC     A
        SUBB    A,R3
        CLR     A
        ADD     CA,R1               ;将结果存回 R3R4
        MOV     R4,A
        CLR     A
        ADD     CA,R0
        MOV     R3,A
        POP     ACC                 ;恢复 R0R1R2
        MOV     R2,A
        POP     ACC
        MOV     R1,A
        POP     ACC
        MOV     R0,A
        MOV     A,R2                ;计算商的阶码
        CLR     C
        SUBB    A,R5
        LCALL   MD                  ;阶码检验
        LJMP    RLN                 ;规格化
```

```
;******************************
;(6)标号：FCLR 功能:浮点数清零
;入口条件:操作数在[R0]中。
;出口信息:操作数被清零。
;影响资源:A 堆栈需求：2 字节
FCLR：  INC     R0
        INC     R0
        CLR     A
        MOV     @R0,A
        DEC     R0
        MOV     @R0,A
        DEC     R0
        MOV     @R0,#41H
        RET
;******************************
;(7)标号：FZER 功能:浮点数判零
;入口条件:操作数在[R0]中。
;出口信息:若累加器 A 为零,则操作数[R0]为零,否则不为零。
;影响资源:A 堆栈需求：2 字节
FZER：  INC     R0
        INC     R0
        MOV     A,@R0
        DEC     R0
        ORL     A,@R0
        DEC     R0
        JNZ     ZERO
        MOV     @R0,#41H
ZERO：  RET
;******************************
;(8)标号：FMOV 功能:浮点数传送
;入口条件:源操作数在[R1]中,目标地址为[R0]。
;出口信息:[R0]=[R1],[R1]不变。
;影响资源:A 堆栈需求：2 字节
FMOV：  INC     R0
        INC     R0
        INC     R1
        INC     R1
        MOV     A,@R1
        MOV     @R0,A
```

```
        DEC     R0
        DEC     R1
        MOV     A,@R1
        MOV     @R0,A
        DEC     R0
        DEC     R1
        MOV     A,@R1
        MOV     @R0,A
        RET
;*************************************
;(9)标号：FPUS 功能:浮点数压栈
;入口条件:操作数在[R0]中。
;出口信息:操作数压入栈顶。
;影响资源:A、R2、R3 堆栈需求：5 字节
FPUS:   POP     ACC             ;将返回地址保存在 R2R3 中
        MOV     R2,A
        POP     ACC
        MOV     R3,A
        MOV     A,@R0           ;将操作数压入堆栈
        PUSH    ACC
        INC     R0
        MOV     A,@R0
        PUSH    ACC
        INC     R0
        MOV     A,@R0
        PUSH    ACC
        DEC     R0
        DEC     R0
        MOV     A,R3            ;将返回地址压入堆栈
        PUSH    ACC
        MOV     A,R2
        PUSH    ACC
        RET     ;返回主程序
;*************************************
;(10)标号：FPOP 功能:浮点数出栈
;入口条件:操作数处于栈顶。
;出口信息:操作数弹至[R0]中。
;影响资源:A,R2,R3 堆栈需求：2 字节
FPOP:   POP     ACC             ;将返回地址保存在 R2R3 中
```

```
        MOV     R2,A
        POP     ACC
        MOV     R3,A
        INC     R0
        INC     R0
        POP     ACC             ;将操作数弹出堆栈,传送到[R0]中
        MOV     @R0,A
        DEC     R0
        POP     ACC
        MOV     @R0,A
        DEC     R0
        POP     ACC
        MOV     @R0,A
        MOV     A,R3            ;将返回地址压入堆栈
        PUSH    ACC
        MOV     A,R2
        PUSH    ACC
        RET     ;返回主程序
;*********************************
;(11)标号:FCMP 功能:浮点数代数值比较(不影响待比较操作数)
;入口条件:待比较操作数分别在[R0]和[R1]中。
;出口信息:若 CY=1,则[R0] < [R1],若 CY=0 且 A=0 则 [R0] = [R1],否则
[R0] > [R1]。
;影响资源:A,B,PSW 堆栈需求:2字节
FCMP:   MOV     A,@R0           ;数符比较
        XRL     A,@R1
        JNB     ACC.7,CMP2
        MOV     A,@R0           ;两数异号,以[R0]数符为准
        RLC     A
        MOV     A,#0FFH
        RET
CMP2:   MOV     A,@R1           ;两数同号,准备比较阶码
        MOV     C,ACC.6
        MOV     ACC.7,C
        MOV     B,A
        MOV     A,@R0
        MOV     C,ACC.7
        MOV     F0,C            ;保存[R0]的数符
        MOV     C,ACC.6
```

```
        MOV     ACC.7,C
        CLR     C               ;比较阶码
        SUBB    A,B
        JZ      CMP6
        RLC     A               ;取阶码之差的符号
        JNB     F0,CMP5
        CPL     C               ;[R0]为负时,结果取反
CMP5:   MOV     A,#0FFH         ;两数不相等
        RET
CMP6:   INC     R0              ;阶码相同时,准备比较尾数
        INC     R0
        INC     R1
        INC     R1
        CLR     C
        MOV     A,@R0
        SUBB    A,@R1
        MOV     B,A             ;保存部分差
        DEC     R0
        DEC     R1
        MOV     A,@R0
        SUBB    A,@R1
        DEC     R0
        DEC     R1
        ORL     A,B             ;生成是否相等信息
        JZ      CMP7
        JNB     F0,CMP7
        CPL     C               ;[R0]为负时,结果取反
CMP7:   RET
;************************************
;(12)标号:FABS 功能:浮点绝对值函数
;入口条件:操作数在[R0]中。
;出口信息:结果仍在[R0]中。
;影响资源:A 堆栈需求:2 字节
FABS:   MOV     A,@R0           ;读取操作数的阶码
        CLR     ACC.7           ;清除数符
        MOV     @R0,A           ;回传阶码
        RET
;************************************
;(13)标号:FSGN 功能:浮点符号函数
```

```
;入口条件:操作数在[R0]中。
;出口信息:累加器 A=1 时为正数,A=0FFH 时为负数,A=0 时为零。
;影响资源:PSW,A 堆栈需求: 2 字节
FSGN:  INC     R0              ;读尾数
       MOV     A,@R0
       INC     R0
       ORL     A,@R0
       DEC     R0
       DEC     R0
       JNZ     SGN
       RET                     ;尾数为零,结束
SGN:   MOV     A,@R0           ;读取操作数的阶码
       RLC     A               ;取数符
       MOV     A,#1            ;按正数初始化
       JNC     SGN1            ;是正数,结束
       MOV     A,#0FFH         ;是负数,改变标志
SGN1:  RET
;************************************************
;(14)标号: FINT 功能:浮点取整函数
;入口条件:操作数在[R0]中。
;出口信息:结果仍在[R0]中。
;影响资源:PSW,A,R2,R3,R4,位 1FH 堆栈需求: 6 字节
FINT:  LCALL   MVR0            ;将[R0]传送到第一工作区中
       LCALL   INT             ;在工作寄存器中完成取整运算
       LJMP    MOV0            ;将结果传回到[R0]中
INT:   MOV     A,R3
       ORL     A,R4
       JNZ     INTA
       CLR     1FH             ;尾数为零,阶码也清零,结束取整
       MOV     R2,#41H
       RET
INTA:  MOV     A,R2
       JZ      INTB            ;阶码为零否?
       JB      ACC.7,INTB      ;阶符为负否?
       CLR     C
       SUBB    A,#10H          ;阶码小于 16 否?
       JC      INTD
       RET                     ;阶码大于 16,已经是整数
INTB:  CLR     A               ;绝对值小于 1,取整后正数为零,
```

```
                                        ;负数为负 1
        MOV     R4,A
        MOV     C,1FH
        RRC     A
        MOV     R3,A
        RLA
        MOV     R2,A
        JNZ     INTC
        MOV     R2,#41H
INTC:   RET
INTD:   CLR     F0                      ;舍尾标志初始化
INTE:   CLR     C
        LCALL   RR1                     ;右规一次
        ORL     C,F0                    ;记忆舍尾情况
        MOV     F0,C
        CJNE    R2,#10H,INTE            ;阶码达到 16(尾数完全为整数)否?
        JNB     F0,INTF                 ;舍去部分为零否?
        JNB     1FH,INTF                ;操作数为正数否?
        INC     R4                      ;对于带小数的负数,向下取整
        MOV     A,R4
        JNZ     INTF
        INC     R3
INTF:   LJMP    RLN                     ;将结果规格化
;* * * * * * * * * * * * * * * * * * * * * * * * * * * * * * * * * * * *
;(15)标号:FRCP 功能:浮点倒数函数
;入口条件:操作数在[R0]中。
;出口信息:OV=0 时,结果仍在[R0]中,OV=1 时,溢出。
;影响资源:PSW,A,B,R2~R7,位 1EH,1FH 堆栈需求:5 字节
FRCP:   MOV     A,@R0
        MOV     C,ACC.7
        MOV     1FH,C                   ;保存数符
        MOV     C,ACC.6                 ;绝对值传送到第二工作区
        MOV     ACC.7,C
        MOV     R5,A
        INC     R0
        MOV     A,@R0
        MOV     R6,A
        INC     R0
        MOV     A,@R0
```

```
        MOV     R7,A
        DEC     R0
        DEC     R0
        ORL     A,R6
        JNZ     RCP
        SETB    OV              ;零不能求倒数,设立溢出标志
        RET
RCP:    MOV     A,R6
        JB      ACC.7,RCP2      ;操作数格式化否?
        CLR     C               ;格式化之
        MOV     A,R7
        RLC     A
        MOV     R7,A
        MOV     A,R6
        RLC     A
        MOV     R6,A
        DEC     R5
        SJMP    RCP
RCP2:   MOV     R2,#1           ;将数值 1.00 传送到第一工作区
        MOV     R3,#80H
        MOV     R4,#0
        LCALL   DIV3            ;调用工作区浮点除法,求得倒数
        LJMP    MOV0            ;回传结果
;************************************
;(16)标号: FSQU 功能:浮点数二次方
;入口条件:操作数在[R0]中。
;出口信息:OV=0 时,二次方值仍然在[R0]中,OV=1 时溢出。
;影响资源:PSW,A,B,R2~R7,位 1EH,1FH 堆栈需求: 9 字节
FSQU:   MOV     A,R0            ;将操作数
        XCH     A,R1            ;同时作为乘数
        PUSH    ACC             ;保存 R1 指针
        LCALL   FMUL            ;进行乘法运算
        POP     ACC
        MOV     R1,A            ;恢复 R1 指针
        RET
;************************************
;(17)标号: FSQR 功能:浮点数开二次方(快速逼近算法)
;入口条件:操作数在[R0]中。
;出口信息:OV=0 时,二次方根仍在[R0]中,OV=1 时,负数开二次方出错。
```

```
;影响资源:PSW,A,B,R2～R7 堆栈需求: 2 字节
FSQR:   MOV     A,@R0
        JNB     ACC.7,SQR
        SETB    OV              ;负数开二次方,出错
        RET
SQR:    INC     R0
        INC     R0
        MOV     A,@R0
        DEC     R0
        ORL     A,@R0
        DEC     R0
        JNZ     SQ
        MOV     @R0,#41H        ;尾数为零,不必运算
        CLR     OV
        RET
SQ:     MOV     A,@R0
        MOV     C,ACC.6         ;将阶码扩展成 8bit 补码
        MOV     ACC.7,C
        INC     A               ;加一
        CLR     C
        RRC     A               ;除二
        MOV     @R0,A           ;得到二次方根的阶码,回存之
        INC     R0              ;指向被开方数尾数的高字节
        JC      SQR0            ;原被开方数的阶码是奇数吗?
        MOV     A,@R0           ;是奇数,尾数右规一次
        RRC     A
        MOV     @R0,A
        INC     R0
        MOV     A,@R0
        RRC     A
        MOV     @R0,A
        DEC     R0
SQR0:   MOV     A,@R0
        JZ      SQR9            ;尾数为零,不必运算
        MOV     R2,A            ;将尾数传送到 R2R3 中
        INC     R0
        MOV     A,@R0
        MOV     R3,A
        MOV     A,R2            ;快速开方,参阅定点子程序说明
```

```
        ADD     A,#57H
        JC      SQR2
        ADD     A,#45H
        JC      SQR1
        ADD     A,#24H
        MOV     B,#0E3H
        MOV     R4,#80H
        SJMP    SQR3
SQR1:   MOV     B,#0B2H
        MOV     R4,#0A0H
        SJMP    SQR3
SQR2:   MOV     B,#8DH
        MOV     R4,#0D0
SQR3:   MUL     AB
        MOV     A,B
        ADD     A,R4
        MOV     R4,A
        MOV     B,A
        MUL     AB
        XCH     A,R3
        CLR     C
        SUBB    A,R3
        MOV     R3,A
        MOV     A,B
        XCH     A,R2
        SUBB    A,R2
        MOV     R2,A
SQR4:   SETB    C
        MOV     A,R4
        RLC     A
        MOV     R6,A
        CLR     A
        RLC     A
        MOV     R5,A
        MOV     A,R3
        SUBB    A,R6
        MOV     B,A
        MOV     A,R2
        SUBB    A,R5
```

```
        JC      SQR5
        INC     R4
        MOV     R2,A
        MOV     R3,B
        SJMP    SQR4
SQR5:   MOV     A,R4
        XCH     A,R2
        RRC     A
        MOV     F0,C
        MOV     A,R3
        MOV     R5,A
        MOV     R4,#8
SQR6:   CLR     C
        MOV     A,R3
        RLC     A
        MOV     R3,A
        CLR     C
        MOV     A,R5
        SUBB    A,R2
        JB      F0,SQR7
        JC      SQR8
SQR7:   MOV     R5,A
        INC     R3
SQR8:   CLR     C
        MOV     A,R5
        RLC     A
        MOV     R5,A
        MOV     F0,C
        DJNZ    R4,SQR6
        MOV     A,R3            ;将二次方根的尾数回传到[R0]中
        MOV     @R0,A
        DEC     R0
        MOV     A,R2
        MOV     @R0,A
SQR9:   DEC     R0              ;数据指针回归原位
        CLR     OV              ;开方结果有效
        RET
;*************************************
;(18)标号: FPLN 功能:浮点数多项式计算
```

```
;入口条件:自变量在[R0]中,多项式系数在调用指令之后,以 40H 结束。
;出口信息:OV=0 时,结果仍在[R0]中,OV=1 时,溢出。
;影响资源:DPTR,PSW,A,B,R2～R7,位 1EH,1FH 堆栈需求: 4 字节
FPLN:   POP     DPH             ;取出多项式系数存放地址
        POP     DPL
        XCH     A,R0            ;R0,R1 交换角色,自变量在[R1]中
        XCH     A,R1
        XCH     A,R0
        CLR     A               ;清第一工作区
        MOV     R2,A
        MOV     R3,A
        MOV     R4,A
        CLR     1FH
PLN1:   CLR     A               ;读取一个系数,并装入第二工作区
        MOVC    A,@A+DPTR
        MOV     C,ACC.7
        MOV     1EH,C
        MOV     C,ACC.6
        MOV     ACC.7,C
        MOV     R5,A
        INC     DPTR
        CLR     A
        MOVC    A,@A+DPTR
        MOV     R6,A
        INC     DPTR
        CLR     A
        MOVC    A,@A+DPTR
        MOV     R7,A
        INC     DPTR            ;指向下一个系数
        MOV     C,1EH           ;比较两个数符
        RRC     A
        XRL     A,23H
        RLC     A
        MOV     F0,C            ;保存比较结果
        LCALL   AS1             ;进行代数加法运算
        CLR     A               ;读取下一个系数的第一个字节
        MOVC    A,@A+DPTR
        CJNE    A,#40H,PLN2     ;是结束标志吗?
        XCH     A,R0            ;运算结束,恢复 R0,R1 原来的角色
```

```
        XCH     A,R1
        XCH     A,R0
        LCALL   MOV 0              ;将结果回传到[R0]中
        CLR     A
        INC     DPTR
        JMP     @A+DPTR            ;返回主程序
PLN2:   MOV     A,@R1              ;比较自变量和中间结果的符号
        XRL     A,23H
        RLC     A
        MOV     1FH,C              ;保存比较结果
        LCALL   MUL0               ;进行乘法运算
        SJMP    PLN1               ;继续下一项运算
;************************************
;(19)标号: FLOG 功能:以 10 为底的浮点对数函数
;入口条件:操作数在[R0]中。
;出口信息:OV=0 时,结果仍在[R0]中,OV=1 时,负数或零求对数出错。
;影响资源:DPTR,PSW,A,B,R2～R7,位 1EH,1FH 堆栈需求:9 字节
FLOG:   LCALL   FLN                ;先以 e 为底求对数
        JNB     OV,LOG
        RET                        ;如溢出则停止计算
LOG:    MOV     R5,#0FFH           ;系数 043430(1/ln10)
        MOV     R6,#0DEH
        MOV     R7,#5CH
        LCALL   MUL1               ;通过相乘来换底
        LJMP    MOV0               ;传回结果
;************************************
;(20)标号: FLN 功能:以 e 为底的浮点对数函数
;入口条件:操作数在[R0]中。
;出口信息:OV=0 时,结果仍在[R0]中,OV=1 时,负数或零求对数出错。
;影响资源:DPTR,PSW,A,B,R2～R7,位 1EH,1FH 堆栈需求: 7 字节
FLN:    LCALL   MVR0               ;将[R0]传送到第一工作区
        JB      1FH,LNOV           ;负数或零求对数,出错
        MOV     A,R3
        ORL     A,R4
        JNZ     LN0
LNOV:   SETB    OV
        RET
LN0:    CLR     C
        LCALL   RL1                ;左规一次
```

```
        CLR     A
        XCH     A,R2                ;保存原阶码,清零工作区的阶码
        PUSH    ACC
        LCALL   RLN                 ;规格化
        LCALL   MOV 0               ;回传
        LCALL   FPLN                ;用多项式计算尾数的对数
        DB      7BH,0F4H,30H        ;0.029 808
        DB      0FEH,85H,13H        ;—0.129 96
        DB      7FH,91H,51H         ;0.283 82
        DB      0FFH,0FAH,0BAH      ;—0.489 7
        DB      0,0FFH,0CAH         ;0.999 18
        DB      70H,0C0H,0          ;1.144 2
        DB      40H                 ;结束
        POP     ACC                 ;取出原阶码
        JNZ     LN1
        RET                         ;如为零,则结束
LN1:    CLR     1EH                 ;清第二区数符
        MOV     C,ACC.7
        MOV     F0,C                ;保存阶符
        JNC     LN2
        CPL     A                   ;当阶码为负时,求其绝对值
        INC     A
LN2:    MOV     R2,A                ;阶码的绝对值乘以 0.693 15
        MOV     B,#72H
        MUL     AB
        XCH     A,R2
        MOV     R7,B
        MOV     B,#0B1H
        MUL     AB
        ADD     A,R7
        MOV     R7,A                ;乘积的尾数在 R6R7R2 中
        CLR     A
        ADD     CA,B
        MOV     R6,A
        MOV     R5,#8               ;乘积的阶码初始化(整数部分为 1 字节)
LN3:    JB      ACC.7,LN4           ;乘积格式化
        MOV     A,R2
        RLC     A
        MOV     R2,A
```

```
        MOV     A,R7
        RLC     A
        MOV     R7,A
        MOV     A,R6
        RLC     A
        MOV     R6,A
        DEC     R5
        SJMP    LN3
LN4:    MOV     C,F0            ;取出阶符,作为乘积的数符
        MOV     ACC.7,C
        LJMP    ASN             ;与尾数的对数合并,得原操作数的对数
;* * * * * * * * * * * * * * * * * * * * * * * * * * * * * * * * * * * * *
;(21)标号: FE10 功能:以 10 为底的浮点指数函数
;入口条件:操作数在[R0]中。
;出口信息:OV=0 时,结果仍在[R0]中,OV=1 时,溢出。
;影响资源:DPTR,PSW,A,B,R2~R7,位 1EH,1FH 堆栈需求:6 字节
FE10:   MOV     R5,#2           ;加权系数为 3.321 9(log2 10)
        MOV     R6,#0D4H
        MOV     R7,#9AH
        SJMP    EXP             ;先进行加权运算,后以 2 为底统一求幂
;* * * * * * * * * * * * * * * * * * * * * * * * * * * * * * * * * * * * *
;(22)标号: FEXP 功能:以 e 为底的浮点指数函数
;入口条件:操作数在[R0]中。
;出口信息:OV=0 时,结果仍在[R0]中,OV=1 时,溢出。
;影响资源:DPTR,PSW,A,B,R2~R7,位 1EH,1FH 堆栈需求:6 字节
FEXP:   MOV     R5,#1           ;加权系数为 1.442 72(log2 e)
        MOV     R6,#0B8H
        MOV     R7,#0ABH
EXP:    CLR     1EH             ;加权系数为正数
        LCALL   MVR0            ;将[R0]传送到第一工作区
        LCALL   MUL1            ;进行加权运算
        SJMP    E20             ;以 2 为底统一求幂
;* * * * * * * * * * * * * * * * * * * * * * * * * * * * * * * * * * * * *
;(23)标号: FE2 功能:以 2 为底的浮点指数函数
;入口条件:操作数在[R0]中。
;出口信息:OV=0 时,结果仍在[R0]中,OV=1 时,溢出。
;影响资源:DPTR,PSW,A,B,R2~R7,位 1EH,1FH 堆栈需求:6 字节
FE2:    LCALL   MVR0            ;将[R0]传送到第一工作区
E20:    MOV     A,R3
```

```
        ORL     A,R4
        JZ      EXP1            ;尾数为零
        MOV     A,R2
        JB      ACC.7,EXP2      ;阶符为负否?
        SETB    C
        SUBB    A,#6            ;阶码大于6否?
        JC      EXP2
        JB      1FH,EXP0        ;数符为负否?
        MOV     @R0,#3FH        ;正指数过大,幂溢出
        INC     R0
        MOV     @R0,#0FFH
        INC     R0
        MOV     @R0,#0FFH
        DEC     R0
        DEC     R0
        SETB    OV
        RET
EXP0:   MOV     @R0,#41H        ;负指数过大,幂下溢,清零处理
        CLR     A
        INC     R0
        MOV     @R0,A
        INC     R0
        MOV     @R0,A
        DEC     R0
        DEC     R0
        CLR     OV
        RET
EXP1:   MOV     @R0,#1          ;指数为零,幂为1.00
        INC     R0
        MOV     @R0,#80H
        INC     R0
        MOV     @R0,#0
        DEC     R0
        DEC     R0
        CLR     OV
        RET
EXP2:   MOV     A,R2            ;将指数复制到第二工作区
        MOV     R5,A
        MOV     A,R3
```

```
        MOV     R6,A
        MOV     A,R4
        MOV     R7,A
        MOV     C,1FH
        MOV     1EH,C
        LCALL   INT             ;对第一区取整
        MOV     A,R3
        JZ      EXP4
EXP3:   CLR     C               ;使尾数高字节 R3 对应一个字节整数
        RRC     A
        INC     R2
        CJNE    R2,#8,EXP3
EXP4:   MOV     R3,A
        JNB     1FH,EXP5
        CPL     A               ;并用补码表示
        INC     A
EXP5:   PUSH    ACC             ;暂时保存之
        LCALL   RLN             ;重新规格化
        CPL     1FH
        SETB    F0
        LCALL   AS1             ;求指数的小数部分
        LCALL   MOV0            ;回传指数的小数部分
        LCALL   FPLN            ;通过多项式计算指数的小数部分的幂
        DB      77H,0B1H,0C9H   ;1.356 4×10^-3
        DB      7AH,0A1H,68H    ;9.851 4×10^-3
        DB      7CH,0E3H,4FH    ;0.554 95
        DB      7EH,0F5H,0E7H   ;0.240 14
        DB      0,0B1H,72H      ;0.693 15
        DB      1,80H,0         ;1.000 00
        DB      40H             ;结束
        POP     ACC             ;取出指数的整数部分
        ADD     A,R2            ;按补码加到幂的阶码上
        MOV     R2,A
        CLR     1FH             ;幂的符号为正
        LJMP    MOV 0           ;将幂传回[R0]中
;* * * * * * * * * * * * * * * * * * * * * * * * * * * * * * * * * * * *
;(24)标号:DTOF 功能:双字节十六进制定点数转换成格式化浮点数
;入口条件:双字节定点数的绝对值在[R0]中,数符在位 1FH 中,整数部分的位数在A中。
```

;出口信息:转换成格式化浮点数在[R0]中(三字节)。
;影响资源:PSW,A,R2,R3,R4,位 1FH 堆栈需求: 6 字节

```
DTOF:  MOV    R2,A          ;按整数的位数初始化阶码
       MOV    A,@R0         ;将定点数作尾数
       MOV    R3,A
       INC    R0
       MOV    A,@R0
       MOV    R4,A
       DEC    R0
       LCALL  RLN           ;进行规格化
       LJMP   MOV 0         ;传送结果到[R0]中
```

;* *
;(25)标号: FTOD 功能:格式化浮点数转换成双字节定点数
;入口条件:格式化浮点操作数在[R0]中。
;出口信息:OV=1 时溢出,OV=0 时转换成功:定点数的绝对值在[R0]中(双字节),数符。
;在位 1FH 中,F0=1 时为整数,CY=1 时为一字节整数一字节小数,否则为纯小数。
;影响资源:PSW,A,B,R2,R3,R4,位 1FH 堆栈需求: 6 字节

```
FTOD:  LCALL  MVR0          ;将[R0]传送到第一工作区
       MOV    A,R2
       JZ     FTD4          ;阶码为零,纯小数
       JB     ACC.7,FTD4    ;阶码为负,纯小数
       SETB   C
       SUBB   A,#10H
       JC     FTD1
       SETB   OV            ;阶码大于 16,溢出
       RET
FTD1:  SETB   C
       MOV    A,R2
       SUBB   A,#8          ;阶码大于 8 否?
       JC     FTD3
FTD2:  MOV    B,#10H        ;阶码大于 8,按双字节整数转换
       LCALL  FTD8
       SETB   F0            ;设立双字节整数标志
       CLR    C
       CLR    OV
       RET
FTD3:  MOV    B,#8          ;按一字节整数一字节小数转换
       LCALL  FTD8
```

```
        SETB    C               ;设立一字节整数一字节小数标志
        CLR     F0
        CLR     OV
        RET
FTD4:   MOV     B,#0            ;按纯小数转换
        LCALL   FTD8
        CLR     OV              ;设立纯小数标志
        CLR     F0
        CLR     C
        RET
FTD8:   MOV     A,R2            ;按规定的整数位数进行右规
        CJNE    A,B,FTD9
        MOV     A,R3            ;将双字节结果传送到[R0]中
        MOV     @R0,A
        INC     R0
        MOV     A,R4
        MOV     @R0,A
        DEC     R0
        RET
FTD9:   CLR     C
        LCALL   RR1             ;右规一次
        SJMP    FTD8
;* * * * * * * * * * * * * * * * * * * * * * * * * * * * * * * * * * * *
;(26)标号:BTOF 功能:浮点 BCD 码转换成格式化浮点数
;入口条件:浮点 BCD 码操作数在[R0]中。
;出口信息:转换成的格式化浮点数仍在[R0]中。
;影响资源:PSW,A,B,R2～R7,位 1DH～1FH 堆栈需求:6 字节
BTOF:   INC     R0              ;判断是否为零
        INC     R0
        MOV     A,@R0
        MOV     R7,A
        DEC     R0
        MOV     A,@R0
        MOV     R6,A
        DEC     R0
        ORL     A,R7
        JNZ     BTF0
        MOV     @R0,#41H        ;为零,转换结束
        RET
```

```
BTF0:  MOV    A,@R0
       MOV    C,ACC.7
       MOV    1DH,C           ;保存数符
       CLR    1FH             ;以绝对值进行转换
       MOV    C,ACC.6         ;扩充阶码为八位
       MOV    ACC.7,C
       MOV    @R0,A
       JNC    BTF1
       ADD    A,#19           ;是否小于 1E—19
       JC     BTF2
       MOV    @R0,#41H        ;小于 1E—19 时以 0 计
       INC    R0
       MOV    @R0,#0
       INC    R0
       MOV    @R0,#0
       DEC    R0
       DEC    R0
       RET
BTF1:  SUBB   A,#19
       JC     BTF2
       MOV    A,#3FH          ;大于 1E19 时封顶。
       MOV    C,1DH
       MOV    ACC.7,C
       MOV    @R0,A
       INC    R0
       MOV    @R0,#0FFH
       INC    R0
       MOV    @R0,#0FFH
       DEC    R0
       DEC    R0
       RET
BTF2:  CLR    A               ;准备将 BCD 码尾数转换成
                              ;十六进制浮点数
       MOV    R4,A
       MOV    R3,A
       MOV    R2,#10H         ;至少两个字节
BTF3:  MOV    A,R7
       ADD    A,R7
       DA     A
```

```
        MOV     R7,A
        MOV     A,R6
        ADD     CA,R6
        DA      A
        MOV     R6,A
        MOV     A,R4
        RLC     A
        MOV     R4,A
        MOV     A,R3
        RLC     A
        MOV     R3,A
        DEC     R2
        JNB     ACC.7,BTF3          ;直到尾数规格化
        MOV     A,R6                ;四舍五入
        ADD     A,#0B0H
        CLR     A
        ADD     C A,R4
        MOV     R4,A
        CLR     A
        ADD     CA,R3
        MOV     R3,A
        JNC     BTF4
        MOV     R3,#80H
        INC     R2
BTF4:   MOV     DPTR,#BTFL          ;准备查表得到十进制阶码对应的
                                    ;浮点数
        MOV     A,@R0
        ADD     A,#19               ;计算表格偏移量
        MOV     B,#3
        MUL     AB
        ADD     A,DPL
        MOV     DPL,A
        JNC     BTF5
        INC     DPH
BTF5:   CLR     A                   ;查表
        MOVC    A,@A+DPTR
        MOV     C,ACC.6
        MOV     ACC.7,C
        MOV     R5,A
```

```
        MOV     A,#1
        MOVC    A,@A+DPTR
        MOV     R6,A
        MOV     A,#2
        MOVC    A,@A+DPTR
        MOV     R7,A
        LCALL   MUL1            ;将阶码对应的浮点数和尾数对应的浮点数
                                相乘
        MOV     C,1DH           ;取出数符
        MOV     1FH,C
        LJMP    MOV0            ;传送转换结果
;*************************************?
;(27)标号: FTOB 功能:格式化浮点数转换成浮点 BCD 码
;入口条件:格式化浮点操作数在[R0]中。
;出口信息:转换成的浮点 BCD 码仍在[R0]中。
;影响资源:PSW,A,B,R2~R7,位 1DH~1FH 堆栈需求:6 字节
FTOB:   INC     R0
        MOV     A,@R0
        INC     R0
        ORL     A,@R0
        DEC     R0
        DEC     R0
        JNZ     FTB0
        MOV     @R0,#41H
        RET
FTB0:   MOV     A,@R0
        MOV     C,ACC.7
        MOV     1DH,C
        CLR     ACC.7
        MOV     @R0,A
        LCALL   MVR0
        MOV     DPTR,#BFL0      ;绝对值大于或等于 1 时的查表起点
        MOV     B,#0            ;10°
        MOV     A,R2
        JNB     ACC.7,FTB1
        MOV     DPTR,#BTFL      ;绝对值小于 1E-6 时的查表起点
        MOV     B,#0EDH         ;10^-19 次幂
        ADD     A,#16
        JNC     FTB1
```

```
        MOV     DPTR,#BFLN      ;绝对值大于或等于1E－6时的查表起点
        MOV     B,#0FAH         ;10^-6
FTB1:   CLR     A               ;查表,找到一个比待转换浮点数大的整数幂
        MOVC    A,@A+DPTR
        MOV     C,ACC.6
        MOV     ACC.7,C
        MOV     R5,A
        MOV     A,#1
        MOVC    A,@A+DPTR
        MOV     R6,A
        MOV     A,#2
        MOVC    A,@A+DPTR
        MOV     R7,A
        MOV     A,R5            ;和待转换浮点数比较1
        CLR     C
        SUBB    A,R2
        JB      ACC.7,FTB2      ;差为负数－1
        JNZ     FTB3
        MOV     A,R6
        CLR     C
        SUBB    A,R3
        JC      FTB2
        JNZ     FTB3
        MOV     A,R7
        CLR     C
        SUBB    A,R4
        JC      FTB2
        JNZ     FTB3
        MOV     R5,B            ;正好是表格中的数1
        INC     R5              ;幂加1
        MOV     R6,#10H         ;尾数为0.1000
        MOV     R7,#0
        SJMP    FTB6            ;传送转换结果
FTB2:   INC     DPTR            ;准备表格下一项
        INC     DPTR
        INC     DPTR
        INC     B               ;幂加1
        SJMP    FTB1
FTB3:   PUSH    B               ;保存幂值
```

```
        LCALL   DIV3        ;相除,得到一个二进制浮点数的纯小数
FTB4:   MOV     A,R2        ;取阶码
        JZ      FTB5        ;为零吗?
        CLR     C
        LCALL   RR1         ;右规
        SJMP    FTB4
FTB5:   POP     ACC         ;取出幂值
        MOV     R5,A        ;作为十进制浮点数的阶码
        LCALL   HB2         ;转换尾数的十分位和百分位
        MOV     R6,A
        LCALL   HB2         ;转换尾数的千分位和万分位
        MOV     R7,A
        MOV     A,R3        ;四舍五入
        RLC     A
        CLR     A
        ADDC    A,R7
        DA      A
        MOV     R7,A
        CLR     A
        ADDC    A,R6
        DA      A
        MOV     R6,A
        JNC     FTB6
        MOV     R6,#10H
        INC     R5
FTB6:   INC     R0          ;存放转换结果
        INC     R0
        MOV     A,R7
        MOV     @R0,A
        DEC     R0
        MOV     A,R6
        MOV     @R0,A
        DEC     R0
        MOV     A,R5
        MOV     C,1DH       ;取出数符
        MOV     ACC.7,C
        MOV     @R0,A
        RET
HB2:    MOV     A,R4        ;尾数扩大 100 倍
```

```
        MOV     B,#100
        MUL     AB
        MOV     R4,A
        MOV     A,B
        XCH     A,R3
        MOV     B,#100
        MUL     AB
        ADD     A,R3
        MOV     R3,A
        JNC     HB21
        INC     B
HB21:   MOV     A,B                 ;将整数部分转换成BCD码
        MOV     B,#10
        DIV     AB
        SWAP    A
        ORL     A,B
        RET
BTFL:   DB      41H,0ECH,1EH        ;1.0000E-19
        DB      45H,93H,93H         ;1.0000E-18
        DB      48H,0B8H,78H        ;1.0000E-17
        DB      4BH,0E6H,96H        ;1.0000E-16
        DB      4FH,90H,1DH         ;1.0000E-15
        DB      52H,0B4H,25H        ;1.0000E-14
        DB      55H,0E1H,2EH        ;1.0000E-13
        DB      59H,8CH,0BDH        ;1.0000E-12
        DB      5CH,0AFH,0ECH       ;1.0000E-11
        DB      5FH,0DBH,0E7H       ;1.0000E-10
        DB      63H,89H,70H         ;1.0000E-9
        DB      66H,0ABH,0CCH       ;1.0000E-8
        DB      69H,0D6H,0C0H       ;1.0000E-7
BFLN:   DB      6DH,86H,38H         ;1.0000E-6
        DB      70H,0A7H,0C6H       ;1.0000E-5
        DB      73H,0D1H,0B7H       ;1.0000E-4
        DB      77H,83H,12H         ;1.0000E-3
        DB      7AH,0A3H,0D7H       ;1.0000E-2
        DB      7DH,0CCH,0CDH       ;1.0000E-1
BFL0:   DB      1,80H,00H           ;1.0000
        DB      4,0A0H,00H          ;1.0000E1
        DB      7,0C8H,00H          ;1.0000E2
```

```
        DB      0AH,0FAH,00H     ;1.0000E3
        DB      0EH,9CH,40H      ;1.0000E4
        DB      11H,0C3H,50H     ;1.0000E5
        DB      14H,0F4H,24H     ;1.0000E6
        DB      18H,98H,97H      ;1.0000E7
        DB      1BH,0BEH,0BCH    ;1.0000E8
        DB      1EH,0EEH,6BH     ;1.0000E9
        DB      22H,95H,03H      ;1.0000E10
        DB      25H,0BAH,44H     ;1.0000E11
        DB      28H,0E8H,0D5H    ;1.0000E12
        DB      2CH,91H,85H      ;1.0000E13
        DB      2FH,0B5H,0E6H    ;1.0000E14
        DB      32H,0E3H,60H     ;1.0000E15
        DB      36H,8EH,1CH      ;1.0000E16
        DB      39H,31H,0A3H     ;1.0000E17
        DB      3CH,0DEH,0BH     ;1.0000E18
        DB      40H,8AH,0C7H     ;1.0000E19
;***********************************
;(28)标号:FCOS 功能:浮点余弦函数
;入口条件:操作数在[R0]中。
;出口信息:结果仍在[R0]中。
;影响资源:DPTR,PSW,A,B,R2~R7,位 1DH~1FH 堆栈需求:6 字节
FCOS:   LCALL   FABS             ;COS(-X)= COS X
        MOV     R5,#1            ;常数 1.570 8(π/2)
        MOV     R6,#0C9H
        MOV     R7,#10H
        CLR     1EH
        LCALL   MVR0
        CLR     F0
        LCALL   AS1              ;x+(π/2)
        LCALL   MOV0             ;保存结果,接着运行下面的 FSIN 程序
;***********************************
;(29)标号:FSIN 功能:浮点正弦函数
;入口条件:操作数在[R0]中。
;出口信息:结果仍在[R0]中。
;影响资源:DPTR,PSW,A,B,R2~R7,位 1DH~1FH 堆栈需求:6 字节
FSIN:   MOV     A,@R0
        MOV     C,ACC.7
        MOV     1DH,C            ;保存自变量的符号
```

```
        CLR     ACC.7           ;统一按正数计算
        MOV     @R0,A
        LCALL   MVR0            ;将[R0]传送到第一工作区
        MOV     R5,#0           ;系数 0.636 627(2/π)
        MOV     R6,#0A2H
        MOV     R7,#0FAH
        CLR     1EH
        LCALL   MUL1            ;相乘,自变量按(π/2)规一化
        MOV     A,R2            ;将结果复制到第二区
        MOV     R5,A
        MOV     A,R3
        MOV     R6,A
        MOV     A,R4
        MOV     R7,A
        LCALL   INT             ;第一区取整,获得象限信息
        MOV     A,R2
        JZ      SIN2
SIN1:   CLR     C               ;将浮点象限数转换成定点象限数
        LCALL   RR1
        CJNE    R2,#10H,SIN1
        MOV     A,R4
        JNB     ACC.1,SIN2
        CPL     1DH             ;对于第三、四象限,结果取反
SIN2:   JB      ACC.0,SIN3
        CPL     1FH             ;对于第一、三象限,直接求规一化的小数
        SJMP    SIN4
SIN3:   MOV     A,R4            ;对于第二、四象限,准备求其补数
        INC     A
        MOV     R4,A
        JNZ     SIN4
        INC     R3
SIN4:   LCALL   RLN             ;规格化
        SETB    F0
        LCALL   AS1             ;求自变量归一化等效值
        LCALL   MOV0            ;回传
        LCALL   FPLN            ;用多项式计算正弦值
        DB      7DH,93H,28H     ;0.071 85
        DB      41H,0,0         ;0
        DB      80H,0A4H,64H    ;-0.642 15
```

```
        DB      41H,0,0         ;0
        DB      1,0C9H,2        ;1.570 4
        DB      41H,0,0         ;0
        DB      40H             ;结束
        MOV     A,@R0           ;结果的绝对值超过 1.00 吗?
        JZ      SIN5
        JB      ACC.6,SIN5
        INC     R0              ;绝对值按 1.00 封顶
        MOV     @R0,#80H
        INC     R0
        MOV     @R0,#0
        DEC     R0
        DEC     R0
        MOV     A,#1
SIN5:   MOV     C,1DH           ;将数符拼入结果中
        MOV     ACC.7,C
        MOV     @R0,A
        RET
;* * * * * * * * * * * * * * * * * * * * * * * * * * * * * * * * * * * *
;(30)标号:FATN 功能:浮点反正切函数
;入口条件:操作数在[R0]中。
;出口信息:结果仍在[R0]中。
;影响资源:DPTR,PSW,A,B,R2~R7,位 1CH~1FH 堆栈需求:7 字节
FATN:   MOV     A,@R0
        MOV     C,ACC.7
        MOV     1DH,C           ;保存自变量数符
        CLR     ACC.7           ;自变量取绝对值
        MOV     @R0,A
        CLR     1CH             ;清求余运算标志
        JB      ACC.6,ATN1      ;自变量为纯小数否?
        JZ      ATN1
        SETB    1CH             ;置位求余运算标志
        LCALL   FRCP            ;通过倒数运算,转换成纯小数
ATN1:   LCALL   FPLN            ;通过多项式运算,计算反正切函数值
        DB      0FCH,0E4H,91H   ;-0.055 802
        DB      7FH,8FH,37H     ;0.279 22
        DB      0FFH,0EDH,0E0H  ;-0.464 60
        DB      7BH,0E8H,77H    ;0.028 377
        DB      0,0FFH,68H      ;0.997 7
```

```
        DB      72H,85H,0ECH       ;3.193 0×10⁻⁵
        DB      40H                ;结束
        JNB     1CH,ATN2           ;需要求余运算否?
        CPL     1FH                ;准备运算标志
        MOV     C,1FH
        MOV     F0,C               ;常数 1.570 8(π/2)
        MOV     R5,#1
        MOV     R6,#0C9H
        MOV     R7,#10H
        LCALL   AS1                ;求余运算
        LCALL   MOV 0              ;回传
ATN2:   MOV     A,@R0              ;拼入结果的数符
        MOV     C,1DH
        MOV     ACC.7,C
        MOV     @R0,A
        RET
;*************************************
;(31)标号:RTOD 功能:浮点弧度数转换成浮点度数
;入口条件:浮点弧度数在[R0]中。
;出口信息:转换成的浮点度数仍在[R0]中。
;影响资源:PSW,A,B,R2~R7,位 1EH,1FH 堆栈需求:6 字节
RTOD:   MOV     R5,#6              ;系数(180/π)传送到第二工作区
        MOV     R6,#0E5H
        MOV     R7,#2FH
        SJMP    DR                 ;通过乘法进行转换
;*************************************
;(32)标号:DTOD 功能:浮点度数转换成浮点弧度数
;入口条件:浮点度数在[R0]中。
;出口信息:转换成的浮点弧度数仍在[R0]中。
;影响资源:PSW,A,B,R2~R7,位 1EH,1FH 堆栈需求:6 字节
DTOR:   MOV     R5,#0FBH           ;系数(π/180)传送到第二工作区
        MOV     R6,#8EH
        MOV     R7,#0FAH
DR:     LCALL   MVR0               ;将[R0]传送到第一工作区
        CLR     1EH                ;系数为正
        LCALL   MUL1               ;通过乘法进行转换
        LJMP    MOV0               ;结果传送到[R0]中
LEDSCAN:                           ;数码管扫描子程序
        MOV     P0,7FH
```

```
        SETB    P0.7
        CALL    DELAY
        CLR     P0.7
        MOV     P0,7EH
        SETB    P0.6
        CALL    DELAY
        CLR     P0.6
        MOV     P0,7DH
        SETB    P0.5
        CALL    DELAY
        CLR     P0.5
        MOV     P0,7CH
        SETB    P0.4
        CALL    DELAY
        CLR     P0.4
        RET
DELAY:                              ;5 ms 延时程序
        MOV     0050H,#5
L9:     MOV     0051H,#8
L8:     MOV     0052H,#61
L7:     DJNZ    0052H,L7
        DJNZ    0051H,L8
        DJNZ    0050H,L9
        RET
KEYIN:                              ;按键中断服务程序
        PUSH    ACC
        PUSH    PSW
        MOV     P0,#00H
        MOV     A,P2                ;根据键值转移
        ANL     A,#00000111B
N1:     CJNE    A,#06H,N2
        LJMP    KEY1                ;转到"电感"按键
N2:     CJNE    A,#05H,N3
        LJMP    KEY2                ;转到"电容"按键
N3:     CJNE    A,#03H,N4
        LJMP    KEY3                ;转到"电阻"按键
N4:     POP     PSW
        POP     ACC
        RETI                        ;中断返回
```

```
KEY1:                                   ;"电感"按键程序
        LCALL   DELAY30MS
        MOV     P2,#0FFH
        MOV     A,P2
        ANL     A,#00000111B
        CJNE    A,#06H,N4
        LCALL   DELAY30MS
        LCALL   TEXTL4_STATE            ;调用电感子程序
KEY1_1:
        MOV     P2,#0FFH                ;等待按键释放
        MOV     A,P2
        ANL     A,#00000111B
        CJNE    A,#07H,KEY1_1
        POP     PSW
        POP     ACC
        RETI
KEY2:                                   ;"电容"按键子程序
        LCALL   DELAY30MS
        MOV     P2,#0FFH
        MOV     A,P2
        ANL     A,#00000111B
        CJNE    A,#05H,N4
        LCALL   DELAY30MS
        LCALL   TEXTC2_STATE            ;调用电容子程序
KEY2_1:
        MOV     P2,#0FFH                ;等待按键释放
        MOV     A,P2
        ANL     A,#00000111B
        CJNE    A,#07H,KEY2_1
        POP     PSW
        POP     ACC
        RETI
KEY3:                                   ;"电阻"按键子程序
        LCALL   DELAY30MS
        MOV     P2,#0FFH
        MOV     A,P2
        ANL     A,#00000111B
        CJNE    A,#03H,N4
        LCALL   DELAY30MS
```

```
        LCALL   TEXTR0_STATE     ;调用电阻子程序
KEY3_1:
        MOV     P2,#0FFH         ;等待按键释放
        MOV     A,P2
        ANL     A,#00000111B
        CJNE    A,#07H,KEY3_1
        POP     PSW
        POP     ACC
        RETI
DELAY30MS:                       ;30 ms 延时程序
        MOV     41H,#30
U9:     MOV     42H,#8
U8:     MOV     43H,#61
U7:     DJNZ    43H,U7
        DJNZ    42H,U8
        DJNZ    41H,U9
        RET
        END                      ;程序结束
```

6.2　温度检测系统的设计

技术要求：

利用 AT89S52 单片机、独立式按键、128×64 图形点阵 LCD 模块 LM6029、数字温度传感器 DS18B20、实时时钟 S35190A、EEPROM 芯片 24LC02B 设计温度检测系统。其主要技术要求如下：

(1)LCD 显示实时时钟：年、月、日、时、分、秒。

(2)每 30s 采样温度，LCD 更新显示温度值。

(3)按键触发存储当前温度和时钟信息(年、月、日、时、分)。

(4)按键触发串口传输存储的温度和时钟信息。

(5)温度测量精度：±1℃。

6.2.1　系统方案选择

系统选择 AT89S52 单片机作为主控制器，选用独立式按键和 128×64 图形点阵 LCD 模块 LM6029 作为人机接口。外围接口芯片还有数字温度传感器 DS18B20、实时时钟 S35190A、存储温度信息的 EEPROM 芯片 24LC02B。另外，通过单片机的串口资源传输温度信息到 PC，动态检测、记录温度变化曲线。

系统的工作流程如下：

(1)时间显示：上电后，系统自动进入时间显示，显示当前的年、月、日、时、分、秒的时间信息，每隔 1s 刷新显示。

(2)检测温度:每隔 30 s 动态检测温度一次,并在 LCD 上显示温度信息。

(3)记录温度:按下 0#键,LCD 显示提示信息“正在存储”,完成向 EEPROM 存储当前的温度和时间信息(共 7B)的功能,同时记录已存储温度的总记录数。

(4)传输温度:按下 1#键,从 EEPROM 中取出温度和时间信息到发送缓冲区中,通过串口发送数据到 PC,PC 可通过串口调试软件接收显示。

6.2.2 硬件的设计与配置

系统分为五大模块:单片机控制模块、温度检测模块(包括实时时钟检测)、温度存储模块(EEPROM 模块)、温度传输模块(串口电平转换)、人机接口模块(LCD 与按键)。系统硬件框图如 6.12 所示。电路原理如图 6.13 所示。

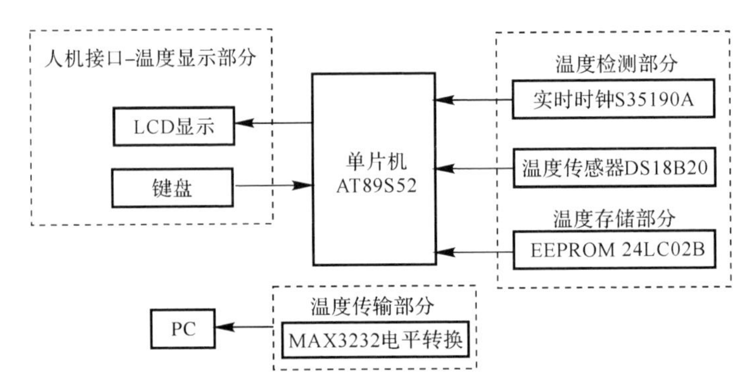

图 6.12　温度检测系统硬件框图

(1)单片机控制模块。由于系统的控制方案简单,数据量也不大,考虑到系统的可扩展性,单片机选用 AT89S52 作为控制系统的核心。AT89S52 是 Atmel 公司推出的一种低功耗、高性能的 CMOS 单片机,它采用 8051 内核,引脚与 MCS-51 系列单片机兼容,带 8 KB 可编程 Flash 存储器、256B 内部 RAM、3 个 16 位定时/计数器、WDT(看门狗定时器),并具备 ISP(在线系统编程)功能,便于程序在系统修改和调试,可大大缩短系统的开发周期。

(2)温度检测模块。温度检测部分使用数字传感器 DS18B20 和 RTC 时钟 S35190A。1-Wire 接口数字温度传感器 DS18B20 采用 3 引脚 T0-92 封装,温度测量范围为−55～+125℃,编程设置 9～12 位分辨率。现场温度直接以 1-Wire 的数字方式传输,提高了抗干扰性。单片机只需一根端口线即可与多个 DS18B20 通信,但需要接 4.7 kΩ 的上拉电阻。

S35190A 是 CMOS 实时时钟芯片,可以在超低消耗电流、宽工作电压范围内工作,具有 3 线 SPI 串行总线接口。工作电压为 1.3～5.5 V。芯片内置了时钟调整功能,可以校正石英的频率偏差,最小分辨能力为 1×10^{-6}。

(3)温度存储模块。为了在掉电状态下能够存储温度和时钟信息,系统选用 EEPROM 芯片 24LC02B。该芯片是 CMOS 2048 位串行 EEPROM,内部 256×8 位存储格式,具有低功耗的特点,工作电压为 2.5～5.5V。

24LC02B 具有允许在简单的 2 线总线上工作的串行接口和软件协议,即常说的 I^2C 总线,占用端口少,同时采用标准协议,使得软件设计模块化和可重用性大大提高。

由于这个 I^2C 总线上只有一个器件,所以把 24LC02B 的地址设为 000,即把 A_0、A_1、A_2 都接地。WP 为写保护引脚,需要接地以保证能够读写。单片机检测到的温度和时钟信息通过

SDA、SCL 向 24LC02B 传送。

(4)温度传输模块。系统采用串口通信,将温度信息传输到上位机 PC 中,以便进行更多的信息处理及动态检测。系统选用 RS232 电平转换芯片 MAX3232。PC 串口 RS232 电平是 −10～+10V,而一般的单片机应用系统的信号电压是 TTL 电平 0～+5V,可用 MAX3232 进行电平转换。

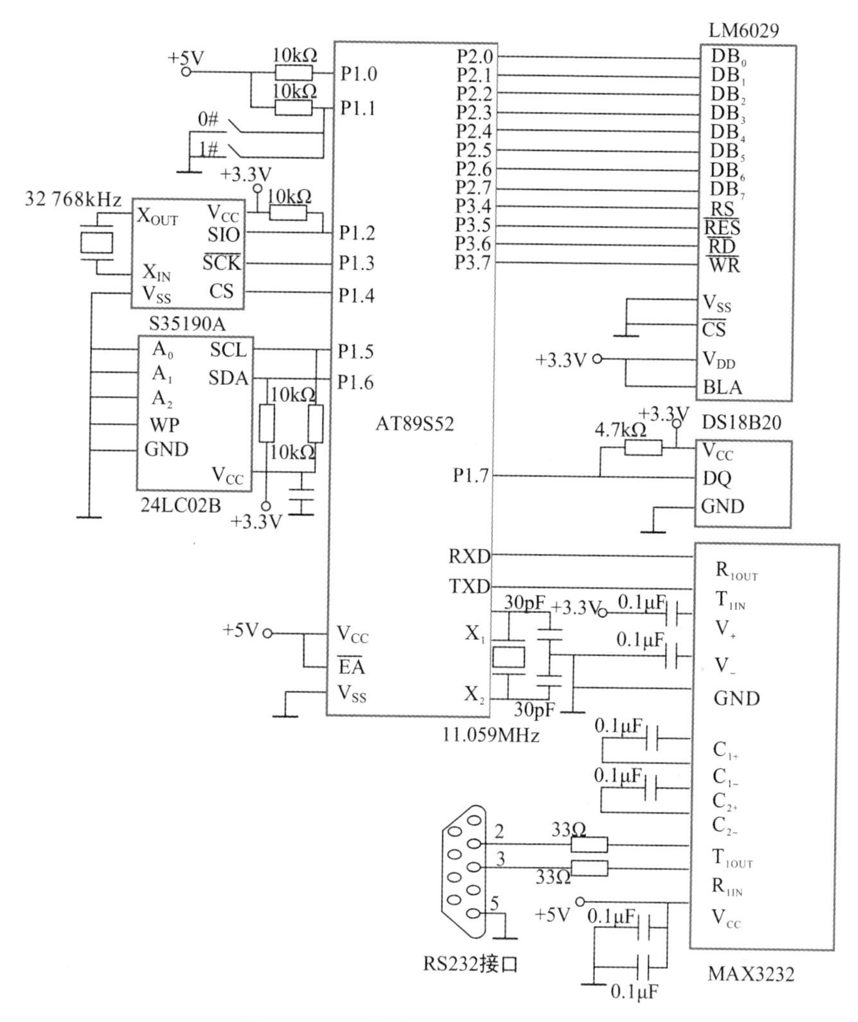

图 6.13 温度检测系统电路原理图

(5)人机接口模块。人机接口电路包括键盘和 LCD 显示两部分电路。LCD 模块 LM6029 是 128×64 的图形点阵 LCD,采用 S6B0724 控制器,8 位并口数据传输方式,可以实现字符、图形等的显示。为实现记录温度和传输温度的控制功能,系统设置两个功能键,分别连接单片机的 P1.0 和 P1.1 引脚。0＃键是记录控制键,按下后将温度和时钟信息存储到 EEPROM。1＃键是传输控制键,按下后将 EEPROM 中的数据通过串口传输到 PC。

6.2.3 软件的整体设计

系统的模块划分如图 6.14 所示,包括主程序、LCD 显示、1 线读温度等 6 个功能模块。

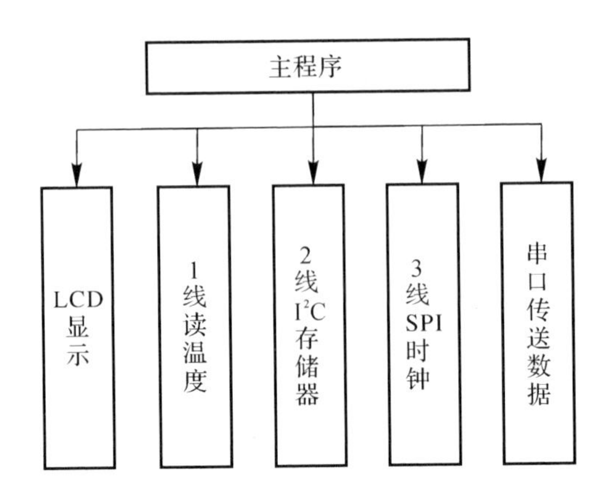

图 6.14　温度检测系统软件框图

(1)主程序模块 main.c:完成系统初始化,调用时钟和温度控制函数,显示当前时间和温度。循环扫描按键,按下 0# 键则调用读写数据存储器函数实现数据存储,按下 1# 键则调用串口发送函数实现数据传输。串口传送函数也放在 main.c 中实现。

(2)LCD 显示模块 LM6029.c:实现 LCD 模块的初始化、写命令、写数据、设置页地址、显示字符、显示汉字等函数。

(3)1 线读温度模块 DS18B20.c:实现 DS18B20 初始化、读字节、写字节、读温度数据命令等函数。

(4)2 线 I^2C 存储器模块 M24LC02.c:实现 24LC02B 存储器的 I^2C 时序、存储单字节、存储 1 页 8 字节数据、读某地址单元的单字节数据、读连续若干字节数据等函数。

(5)3 线 SPI 时钟模块 S3519.c:实现时钟芯片的初始化设置、读字节、写字节、配置状态寄存器、设置时钟寄存器、读取时钟寄存器等函数。

(6)串口传送数据模块:将存储在 EEPROM 中的数据传送到 PC。

6.2.4　模块程序设计

1. LCD 显示模块文件

LM6029 图形点阵 LCD 的 LCD 命令和数据读写操作见表 6.4,控制流程如图 6.15 所示。首先需要发送一系列初始化命令字对 LCD 模块进行工作方式等参数设置,然后定位 DDRAM 显存地址,逐字节发送字符的点阵字模。

表 6.4　LM6029 模块控制线使用方法

操作	RS	$\overline{WR}$	$\overline{RD}$	功能说明
写寄存器命令	0	0	1	写指令到指令寄存器
读寄存器命令	0	1	0	读状态字(READ STATUS)
写数据操作	1	0	1	写显示数据
读数据操作	1	1	0	读显示数据

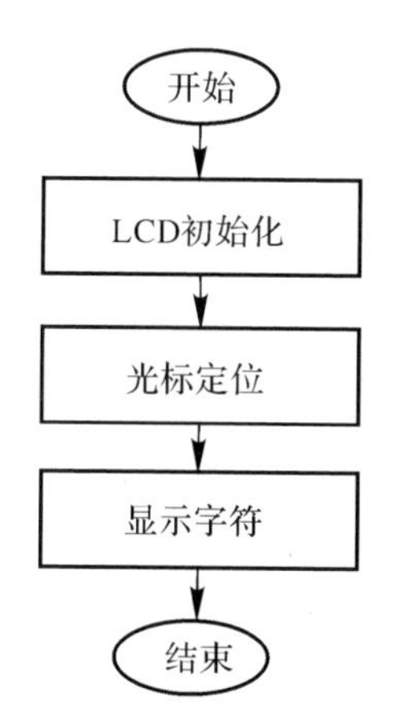

图6.15 LCD显示控制基本流程图

LCD显示模块源程序如下：

```
//***************** 程序:LM6029.c ***************//
//功能:液晶显示
#include <reg52.h>
#include "intrins.h"                  // 系统函数_nop_(void)的声明头文件
sbit P3_7 = P3^7;                     // 端口定义
sbit P3_6 = P3^6;
sbit P3_5 = P3^5;
sbit P3_4 = P3^4;
#define  LcdDataPort    P2            //数据口定义
#define  _RD    P3_6
#define  _WR    P3_7
#define  RS     P3_4
#define  _RES   P3_5
unsigned char code hz_wendu[]={
0x10,0x21,0x86,0x70,0x00,0x7E,0x4A,0x4A,0x4A,0x4A,0x4A,0x7E,0x00,0x00,
0x00,0x00,0x02,0xFE,0x01,0x40,0x7F,0x41,0x41,0x7F,0x41,0x41,0x7F,0x41,
0x41,0x7F,0x40,0x00,    /*"温*/
0x00,0x00,0xFC,0x04,0x24,0x24,0xFC,0xA5,0xA6,0xA4,0xFC,0x24,0x24,0x24,
0x04,0x00,0x80,0x60,0x1F,0x80,0x80,0x42,0x46,0x2A,0x12,0x12,0x2A,0x26,
0x42,0xC0,0x40,0x00};    /*"度*/
unsigned char code hz_cunchu[]={
0x00,0x02,0x02,0xC2,0x02,0x02,0x02,0x02,0xFE,0x82,0x82,0x82,0x82,0x82,
0x02,0x00,0xA0,0xA0,0xA0,0xBF,0xA0,0xA0,0xA0,0xA0,0xBF,0xA0,0xA0,
0xA0,0xA0,0xA0,0xA0,0x80,    /*"正*/
0x00,0x04,0x04,0xC4,0x64,0x9C,0x87,0x84,0x84,0xE4,0x84,0x84,0x84,0x84,
0x04,0x00,0x84,0x82,0x81,0xFF,0x80,0xA0,0xA0,0xA0,0xA0,0xBF,0xA0,0xA0,
```

```
0xA0,0xA0,0xA0,0x80, /*"在*/
0x00,0x04,0x04,0xC4,0x64,0x1C,0x27,0x25,0x24,0x24,0xA4,0x64,0x24,0x04,
0x00,0x00,0x84,0x82,0x81,0xFF,0x80,0x82,0x82,0x82,0xC2,0x82,0xFF,0x82,
0x82,0x82,0x82,0x80, /*"存*/
0x40,0x20,0xD8,0x27,0x22,0xEC,0x00,0x24,0x24,0xA4,0x7F,0x24,0x34,0x2E,
0x24,0x00,0x80,0x80,0xFF,0x80,0xA0,0xFF,0xA2,0x91,0xFF,0xA5,0xA5,0xA5,
0xA5,0xFF,0x80,0x80}; /*"储*/
unsigned char code Char_code[]={
0x00,0xE0,0x10,0x08,0x08,0x10,0xE0,0x00,0x00,0x0F,0x10,0x20,0x20,0x10,
0x0F,0x00,/*"0"*/
0x00,0x10,0x10,0xF8,0x00,0x00,0x00,0x00,0x00,0x20,0x20,0x3F,0x20,0x20,
0x00,0x00,/*"1",*/
0x00,0x70,0x08,0x08,0x08,0x88,0x70,0x00,0x00,0x30,0x28,0x24,0x22,0x21,
0x30,0x00,/*"2",*/
0x00,0x30,0x08,0x88,0x88,0x48,0x30,0x00,0x00,0x18,0x20,0x20,0x20,0x11,
0x0E,0x00,/*"3",*/
0x00,0x00,0xC0,0x20,0x10,0xF8,0x00,0x00,0x00,0x07,0x04,0x24,0x24,0x3F,
0x24,0x00,/*"4",*/
0x00,0xF8,0x08,0x88,0x88,0x08,0x08,0x00,0x00,0x19,0x21,0x20,0x20,0x11,
0x0E,0x00,/*"5",*/
0x00,0xE0,0x10,0x88,0x88,0x18,0x00,0x00,0x00,0x0F,0x11,0x20,0x20,0x11,
0x0E,0x00,/*"6",*/
0x00,0x38,0x08,0x08,0xC8,0x38,0x08,0x00,0x00,0x00,0x00,0x3F,0x00,0x00,
0x00,0x00,/*"7",*/
0x00,0x70,0x88,0x08,0x08,0x88,0x70,0x00,0x00,0x1C,0x22,0x21,0x21,0x22,
0x1C,0x00,/*"8",*/
0x00,0xE0,0x10,0x08,0x08,0x10,0xE0,0x00,0x00,0x00,0x31,0x22,0x22,0x11,
0x0F,0x00,/*"9",*/
0x00,0x00,0x00,0xC0,0xC0,0x00,0x00,0x00,0x00,0x00,0x00,0x30,0x30,0x00,
0x00,0x00,/*":"*/
0x00,0x00,0x00,0x00,0x80,0x60,0x18,0x04,0x00,0x60,0x18,0x06,0x01,0x00,
0x00,0x00/*"/"*/
};
//************* 延时 Delx*4 个时钟周期 *************//
//函数名:LCD_Delay
//形式参数:延时时间参数 Delx,unsigned int 类型
//返回值:无
void LCD_Delay(unsigned int Delx)
{  while(Delx--);  }
```

```
//* * * * * * * * * * * * * * 向 LCD 写命令 Com * * * * * * * * * * * * * *//
//函数名:LcdCommand
//形式参数:输出命令字 Com,unsigned char 类型
//返回值:无
void LcdCommand(unsigned char Com)
{   RS=0;                       //选择命令信号 RS=0
    LcdDataPort=Com;            //LCD 数据线输出显示
    _nop_();_nop_();_nop_();    //系统函数_nop_()声明在 intrins.h 中
    _WR=0;                      //写信号有效
    _nop_();_nop_();_nop_();
    _WR=1;   }
//* * * * * * * * * * * * * * 向 LCD 写数据 dat * * * * * * * * * * * * * *//
//函数名:LcdDataWrite
//形式参数:输出显示数据 dat,unsigned char 类型
//返回值:无
void LcdDataWrite(unsigned char dat )
{   RS=1;                       //选择数据信号 RS=1
    LcdDataPort = dat;
    _WR=0;                      //写信号有效
    _nop_();_nop_();_nop_();
    _WR=1;
}
//* * * * * * * * * * * * * * * 初始化 LCD * * * * * * * * * * * * * * *//
//函数名:InitializeLCD
//形式参数:无
//返回值:无
void InitializeLCD()
{   _RES=0;                     //LCD 复位
    LCD_Delay(2500);            //延时约 10 ms
    _RES=1;
    LcdCommand(0xa0);           //设置横向 SEG 输出方向为正向(SEG0~SEG131)
    LcdCommand(0xc8);           //设置纵向 COM 输出方向为反向(COM63~COM0)
    LcdCommand(0xa2);           //设置 LCD 驱动电压的偏压比为 1/9bias0
    LcdCommand(0x2f);           //设置对比度电流量大小为 101111
    LcdCommand(0x81);           //对比度电流量调节模式设置
    LcdCommand(0x29);           //内部电源操作设置 VF=1
    LcdCommand(0x40);           //DDRAM 起始行地址设置为 0
    LcdCommand(0xaf);   }       //开显示
//* * * * * * * * * * * * * 设置页地址(横向行地址) * * * * * * * * * * * *//
```

```
//函数名:SetPage
//形式参数:页地址 Page(取值 0~7),unsigned char 类型
//返回值:无
void SetPage(unsigned char Page)
{   Page=Page & 0x0f;
    Page=Page | 0xb0;                 //按照命令格式配置设页地址的命令字
    LcdCommand(Page);   }             //输出设置 DDRAM 页地址的命令字
//* * * * * * * * * * * * * 设置列地址(纵向地址) * * * * * * * * * * * * //
//函数名:SetColumn
//形式参数:列地址 Column 取值(0-127),unsigned char 类型
//返回值:无
void SetColumn(unsigned char Column)
{   unsigned char temp;
    temp=Column;
    Column=Column & 0x0f;             //按照命令格式配置设列地址低 4 位的命令字
    Column=Column | 0x00;
    LcdCommand(Column);               //输出设置 DDRAM 低 4 位列地址的命令字
    temp=temp>>4;
    Column=temp & 0x0f;
    Column=Column | 0x10;             //按照命令格式配置设列地址高 4 位的命令字
    LcdCommand(Column);   }           //输出设置 DDRAM 高 4 位列地址的命令字
//* * * * * * * * * * * * * 写数据 0 清屏 * * * * * * * * * * * * * //
//函数名:ClearScr
//形式参数:无
//返回值:无
void ClearScr()
{   unsigned char i,j;
    for(i=0;i<8;i++)                  //8 页(行) 字符=64 像素点
    {SetColumn(0);                    //设置行列地址
         SetPage(i);
         for(j=0;j<128;j++)           //128 列像素点
             LcdDataWrite(0x00);   }  }
//* * * * * * * * * * * 显示 1 个 16*8 点阵的字符 * * * * * * * * * * * //
//函数名:OneChar
//形式参数:行地址 x(0~7);列地址(0~127); 查字模表的索引 num.
//参数类型均为 unsigned char 类型
//返回值:无
void  OneChar(unsigned char x,unsigned char y,unsigned char num)
{   unsigned char i;
```

```
    SetPage(x);                                //设置行坐标
    SetColumn(y);                              //设置列坐标
    num<<=4;                                   //定位字模位置
    for(i=num;i<num+8;i++)                     //显示字模上半部分
         LcdDataWrite(Char_code[i]);
     SetPage(x+1);                             //显示字模下半部分
     SetColumn(y);
     for(;i<num+16;i++)
         LcdDataWrite(Char_code[i]);   }
//************ 显示1个16*16点阵的字符 ************//
//函数名:Hanzi
//形式参数:行地址 x(0~7);列地址 y(0~127); 显示汉字个数 num(0~7)
//以上3个参数类型均为 unsigned char 类型;
//汉字字模首地址 hz,参数类型为 unsigned char *类型
//返回值:无
void Hanzi(unsigned char x,unsigned char y,unsigned char num,unsigned char *hz)
{   unsigned char i,j,xPage,yColum;
    xPage=x;                                   //初始化坐标
    yColum=y;
    for (j=0;j<num;j++)                        //显示 num 个汉字
    {SetPage(xPage);                           //设置行坐标
       SetColumn(yColum);                      //设置列坐标
       for(i=0;i<16;i++)                       //显示字模上半部分
             LcdDataWrite(hz[i+j<<5]);
       SetPage(xPage+1);                       //显示字模下半部分
       SetColumn(yColum);
       for(;i<32;i++)
             LcdDataWrite(hz[i+j<<5]);
       yColum+=16;  }   }                      //光标移至下一个字符位置
```

为使主程序模块能够有效调用该模块的函数,使用其变量,需编写 LCD 模块的头文件如下:

```
//************ 头文件 LM6029.h ************ //
extern void InitializeLCD();                   //外部调用函数声明
extern void ClearScr();
extern void  OneChar(unsigned char x,unsigned char y,unsigned char num);
extern void Hanzi(unsigned char x,unsigned char y,unsigned char num,unsigned char
*hz);
extern unsigned char code hz_wendu[];          //声明字模为项目全局变量
extern unsigned char code hz_cunchu[];
```

extern unsigned char code Char_code[];

2. 1 线读温度模块文件

DS18B20 采用由一条数据线实现数据双向传输的 1 - Wire 单总线协议方式。该协议定义了三种通信时序：初始化时序、读时序和写时序。而 AT89S52 单片机在硬件上并不支持单总线协议，因此，必须采用软件方法模拟单总线的协议时序来完成与 DS18B20 间的通信。该协议所有时序都是将主机作为主设备，单总线器件作为从设备。每一次命令和数据的传输都是从主机主动启动写时序开始，如果要求单总线器件回送数据，在执行写命令后，主机需启动读时序完成数据接收。数据和命令的传输都是以低位在前的串行方式进行。

DS18B20 初始化流程如图 6. 16 所示，写字节流程如图 6. 17 所示。

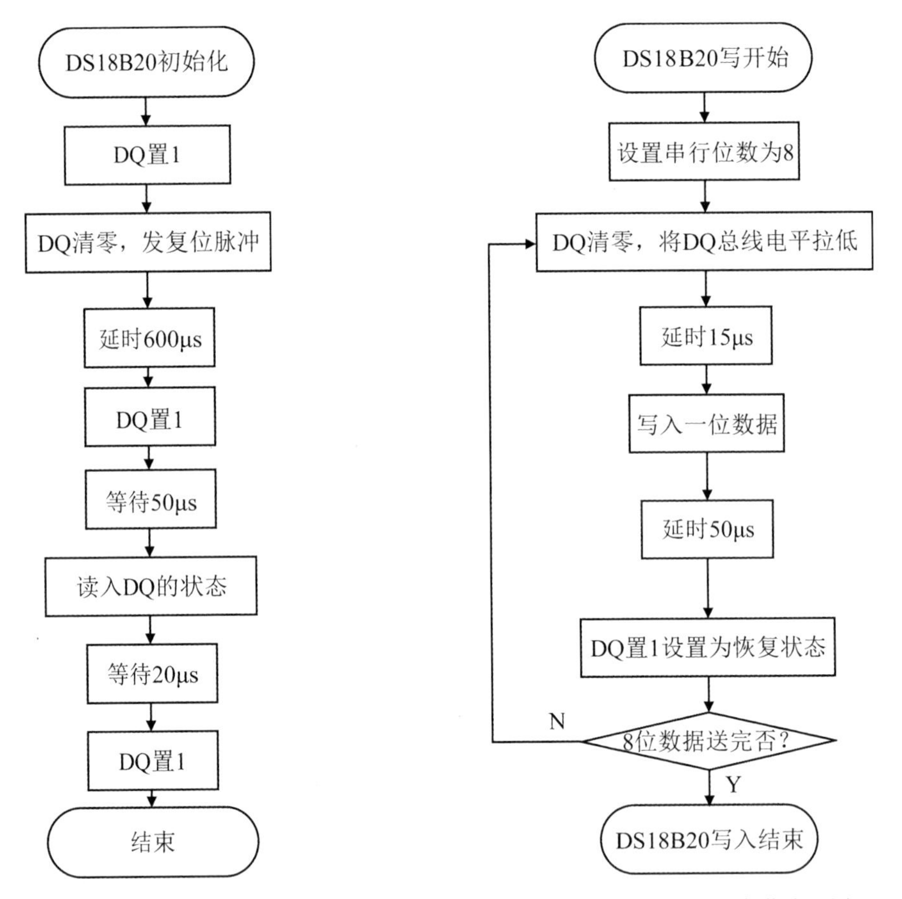

图 6. 16 DS18B20 初始化流程图

图 6. 17 DS18B20 写字节流程图

1 线读温度模块的源程序如下：

```
//* * * * * * * * * * * * * * * DS18B20. c 源程序 * * * * * * * * * * * * * * *//
//程序：DS18B20. c
//功能：温度检测
#include <reg52. h>
#include "intrins. h"
sbit DQ=P1^7;
```

```
//* * * * * * * * * * * * 延时 time×8 时钟周期 * * * * * * * * * * * *//
//函数名:delay
//形式参数:延时时间参数 time,unsigned char 类型
//返回值:无
void delay(unsigned char time)
{   unsigned char n;
    n=0;
    while(n<time)n++;
    return;   }
//* * * * * * * * * * * * * 1总线初始化复位 * * * * * * * * * * * * *//
//函数名:Init_DS18B20
//形式参数:无
//返回值:复位状态,unsigned char 类型
unsigned char Init_DS18B20(void)
{   unsigned char x=0;
    DQ=1;
    delay(8);
    DQ=0;
    delay(85);                          //低电平 480~960 μs
    DQ=1;
    delay(14);                          //等待 50~100 μs
    x=DQ;                               //读取复位状态
    delay(20);
    return x;   }
//* * * * * * * * * * * * * * 读取1字节 * * * * * * * * * * * * * *//
//函数名:ReadOneChar
//形式参数:无
//返回值:读取字节数据,unsigned char 类型
unsigned char ReadOneChar(void)
{   unsigned char i=0;
    unsigned char dat=0;
    for(i=8;i>0;i--)
{   DQ=1;                               //启动前的恢复信号至少延时 1 μs
    delay(1);
    DQ=0;                               //启动信号至少延时 15 μs
    dat>>=1;
    DQ=1;
    delay(2);                           //DS18B20 启动后至少等待 15 μs 取数据
    if(DQ) dat|=0x80;
```

```
    delay(4);  }                    //读完需要 45 μs 的等待
    return(dat);  }
//* * * * * * * * * * * * * * * * 写 1 字节 * * * * * * * * * * * * * * * *//
//函数名:WriteOneChar
//形式参数:写字节数据 dat, unsigned char 类型
//返回值:无
void WriteOneChar(unsigned char dat)
{   unsigned char i=0;
    for(i=8;i>0;i--)
{   DQ=0;
    delay(2);                       //DS18B20 低电平保持 15 μs
    DQ=dat&0x01;                    //向总线写位数据
    delay(5);                       //延时 50 μs 等待写完成
    DQ=1;                           //恢复高电平,保持至少 1 μs
    dat>>=1;  }                     //下次写准备,移位数据
    delay(4);  }                    //延时 30 μs
//* * * * * * * * * * * * * * * * 读取温度值 * * * * * * * * * * * * * * * *//
//函数名:ReadTemperature
//形式参数:无
//返回值:单字节的温度值,unsigned char 类型
unsigned char ReadTemperature(void)
{   unsigned char tempL=0;
    unsigned int  tempH=0;
    unsigned char temperature;
    Init_DS18B20();
    WriteOneChar(0xcc);   //跳过 ROM 匹配,跳过读序列号的操作,可节省操作时间
    WriteOneChar(0x44);                         //启动 DS18B20 进行温度转换
    delay(125);
    Init_DS18B20();                             //开始操作前需要复位
    WriteOneChar(0xcc);
    WriteOneChar(0xbe);                         //写读暂存器中温度值的命令
    tempL=ReadOneChar();                        //分别读取温度的低、高字节
    tempH=ReadOneChar();
    temperature=((tempH*256)+tempL)>>4;         //温度转换
    delay(200);
    return(temperature);
}
```

3. 2 线 I^2C 存储器模块

I^2C 总线(Inter IC BUS)是 Philips 公司推出的芯片间串行传输总线,它以两根连线实现完善

的全双工同步数据传送，可以方便地构成多机系统和外围器件扩展系统。I^2C 总线采用了器件地址的硬件设置方法，通过软件寻址完全避免了器件的片选线寻址方法，从而使硬件系统具有最简单的灵活的扩展方法。I^2C 总线支持多主和主从两种工作方式，通常为主从工作方式。

2 线 I^2C 存储器模块源程序如下：

```
//* * * * * * * * * * * * * * M24LC02.c 源程序 * * * * * * * * * * * * * *//
//程序:M24LC02.c
//功能:EEPROM 读写程序
#include <reg52.h>
#include "intrins.h"
sbit SDA = P1^6;                        //24LC02 的引脚定义
sbit SCL = P1^5;
#define  Write_Code  0xA0               //定义写控制字 0xA0
#define  Read_Code   0xA1               //定义读控制字 0xA1
//* * * * * * * * * * * * * * * * 延时 30 μs * * * * * * * * * * * * * * * *//
//函数名:Delay
//形式参数:无
//返回值:无
void Delay(void)
{   unsigned char i;
    for(i=0; i<8; i++);   }
//* * * * * * * * * * * * * * I2C 基本函数 * * * * * * * * * * * * * *//
//* * * * * * * * * * * * * * I2C 总线起始 * * * * * * * * * * * * * *//
//函数名:I2CStart
//形式参数:无
//返回值:无
//时序说明:I2C 总线的起始条件为 SCL=1, SDA = 1-->0
void I2CStart(void)
{   unsigned char i;
    SDA = 1;                            //初始状态 SDA 和 SCL 均为高电平
    _nop_();
    _nop_();
    SCL = 1;
    for(i=0; i<8; i++);                 //延时大于 4.7 μs
    SDA = 0;                            //SCL 高电平时,SDA 下降沿启动数据传送
    for(i=0; i<8; i++);                 //延时大于 4 μs
    SCL = 0;                            //SCL 恢复初始低电平状态
    _nop_();
    _nop_();   }
//* * * * * * * * * * * * * * I2C 总线停止 * * * * * * * * * * * * * *//
```

```
//函数名:I2CStop
//形式参数:无
//返回值:无
//时序说明:I²C 总线的结束条件为 SCL =1, SDA = 0-->1
void I2CStop(void)
{   unsigned char i;
    SDA = 0;
    _nop_();
    _nop_();
    SCL = 1;                    //SCL 高电平时,SDA 上升沿信号结束数据传送
    for(i=0; i<8; i++);         //延时大于 4.7 μs
    SDA = 1;
    Delay();
    SCL = 0;                    //SCL 恢复初始低电平状态
    for(i=0; i<16; i++);   }
//* * * * * * * * * * I²C 发送第 9 位(应答位或非应答位)* * * * * * * * * *//
//函数名:I2CAck
//形式参数:应答或非应答参数 Ack, unsigned char 类型
//返回值:无
//时序说明:当 I²C 总线需要继续读取下一字节时发送应答位"0",否则发送非应答位"1"
void I2CAck(unsigned char Ack)
{   unsigned char j;
    SCL = 0;
    SDA = !(!(Ack));            //两次逻辑取反运算,把 1 字节变量数值转为逻辑值
    for(j=0;j<20; j++);
    SCL = 1;                    //向总线输出 Ack
    for(j=0;j<20; j++);
    SCL = 0;   }                //SCL 恢复低电平状态
//* * * * * * * * * * * * * I²C 发送 1 字节数据 * * * * * * * * * * * * *//
//函数名:I2CSend
//形式参数:待发送数据 I2CData, unsigned char 类型
//返回值:发送完成状态 flag(0 表示成功,1 表示失败),unsigned char 类型
//时序说明:当 SCL=0 时,主设备向总线发 1 字节数据;当 SCL=1 时,从设备获取该字节数据
unsigned char I2CSend(unsigned char I2CData)
{   unsigned char i,j;
    unsigned char temp,flag;
    for(i=0; i<8; i++)
    {   temp = I2CData;
```

```
            temp = temp<<i;                  //先发送字节数据 I2CData 的高位
            temp = !(!(temp&0x80));          //采用逻辑非运算将字节变量值转换为逻辑值
            SCL = 0;
            SDA=temp;                        //输出具有逻辑值的字节变量 temp 到数据线 SDA
            _nop_();
            _nop_();
            _nop_();                         //延时
            for(j=0;j<30; j++);
            SCL = 1;                         //拉高 SCL 通知从设备开始接收数据位
            for(j=0;j<30; j++);   }
            SCL = 0;
        temp = 0;
        for(j=0;j<30; j++);
        SCL = 1;                             //拉高 SCL
        for(j=0;j<30; j++);                  //等待从设备将 SDA 拉低(等待 ACK)
        flag = SDA;                          //读入 SDA 数据线的 ACK 位
        while(flag! =0 && temp <100)         //循环等待应答状态 ACK=0 表示完成发送 1 字节
        {   flag = SDA;
            temp++;   }
        SCL = 0;
        return(flag);   }                    //等待时间到,返回应答状态 ACK
//* * * * * * * * * * * * * * I²C 接收 1 字节数据 * * * * * * * * * * * * * *//
//函数名:I2CReceive
//形式参数:无
//返回值:接收到的字节数据, unsigned char 类型
//时序说明:当 SCL = 1 时,主设备从总线逐位接收数据,首先接收字节数据的高位(MSB)
unsigned char I2CReceive(void)
{   unsigned char i = 0;
    unsigned char j=0;
    unsigned char I2CData = 0;
    _nop_();
    _nop_();
    _nop_();
    for(i=0; i<8; i++)
    {   I2CData = I2CData<<1;                //先接收字节数据的高位
        SCL = 0;                             //拉低 SCL 准备接收数据位
        for(j=0;j<30; j++);
        SCL = 1;                             //拉高 SCL 使数据线上的数据位有效
```

```
        if(SDA == 1) I2CData|=0x01;     //读取数据线上的数据位,存入 I2CData
        for(j=0;j<30; j++);   }
        SCL = 0;                        //恢复 SCL 低电平
    return(I2CData);  }                 //返回读取的字节数据 I2CData
//* * * * * * * * * * * * * EEPROM 器件的应用函数 * * * * * * * * * * * //
//* * * * * * * * * * * * * 向 EEPROM 写 1 字节 * * * * * * * * * * * * * //
//函数名:WriteSingleByte
//形式参数:EEPROM 的字节单元地址 nAddr(0～255),unsigned char 类型
//待写入 EEPROM 的数据 nValue,unsigned char 类型
//返回值:写字节操作执行状态,为 1 表示操作成功,为 0 表示忙状态
unsigned char  WriteSingleByte(unsigned char nAddr,unsigned char nValue)
{  I2CStart();                          //启动 I²C 总线
   if (I2CSend(Write_Code)==0)       //发送写控制字节 Write_Code,等待 ACK
   {   if( I2CSend(nAddr)==0)
   //发送 EEPROM 字节单元的地址 nAddr,等待 ACK
      {  I2CSend(nValue);  }  }        //发送字节数据 nValue,写入 EEPROM 中
   else  return 0;                      //未成功执行写数据操作,返回状态 0
   I2CStop();                           //停止总线
   return 1;  }                         //成功完成写数据操作,返回状态 1
//* * * * * * * * * * * *向 EEPROM 写 1 页 8 字节数据 * * * * * * * * * * * *//
//函数名:PageWrite
//形式参数:EEPROM 的页首地址 nAddr(8 的整数倍),unsigned char 类型
//待写入 EEPROM 的 8 字节数据数组 pBuf,unsigned char 数组类型
//返回值:写页操作执行状态,为 1 表示操作成功,为 0 表示忙状态
unsigned char  PageWrite(unsigned char nAddr,unsigned char pBuf[])
{  unsigned char i;
   I2CStart();                          //启动 I²C 总线
   if (I2CSend(Write_Code)==0)      //发送写控制字节 Write_Code,等待 ACK
   {   if( I2CSend(nAddr)==0)       //发送 EEPROM 页首地址 nAddr,等待 ACK
       {   for(i = 0; i < 8;i++)
           {   I2CSend(pBuf[i]);  } //依次发送数组中的数据,写入 EEPROM 中
       }
   }
   else return 0;                   //未成功执行写数据操作,返回状态 0
   I2CStop();                       //停止总线
   return 1;  }                     //成功完成写 1 页数据,返回状态 1
//* * * * * * * * * * * *从 EEPROM 读一字节数据 * * * * * * * * * * * * * *//
//函数名:ReadRandom
//形式参数:EEPROM 的字节单元地址 nAddr(0～255),unsigned char 类型
```

```
//从 EEPROM 读取一字节数据的保存地址 nValue,unsigned char 指针类型
//返回值:读字节操作执行状态,为 1 表示操作成功,为 0 表示忙状态
unsigned char ReadRandom(unsigned char nAddr, unsigned char * nValue)
{   I2CStart();                                //启动数据总线
    if (I2CSend(Write_Code)==0)                //发送写地址控制字节,等待 ACK
    {   if( I2CSend(nAddr)==0)                 //发送地址字节,等待 ACK
        {     I2CStart();                      //启动数据总线
              if (I2CSend(Read_Code)==0)       //发送读控制字节
              { * nValue = I2CReceive(); }  }  //读取数据
  }
    else
    return 0;
    I2CStop();                                 //停止总线
    return 1;  }
//* * * * * * * * * * * * 从 EEPROM 读一组数据 * * * * * * * * * * * *//
//函数名:ReadSeq
//形式参数:EEPROM 的字节单元地址 nAddr(0—255),unsigned char 类型
//从 EEPROM 读取数据存放的数组单元 nValue,unsigned char 数组类型
//从 EEPROM 读取数据长度 nLen,unsigned char 数组类型
//返回值:读操作执行状态,为 1 表示操作成功,为 0 表示忙状态
unsigned char  ReadSeq(unsigned char nAddr, unsigned char nValue[], unsigned char
nLen)
  {   unsigned char i;
      I2CStart();                                //启动数据总线
      if (I2CSend(Write_Code)==0)                //发送写地址控制字节,等待 ACK
      {  if( I2CSend(nAddr)==0)                  //发送地址字节,等待 ACK
          {  I2CStart();                         //启动数据总线
              if (I2CSend(Read_Code)==0)         //发送读控制字节
              {   for(i = 0; i < nLen; i++)      //读多字节数据
                  {   nValue[i] = I2CReceive();  //读取数据
                      if(i == nLen-1)    //多字节读取需要向从设备发送 ACK
                          I2CAck(1);     //最后一字节接收完成,发送非 ACK 信号
                      else   I2CAck(0);   }   }  //继续等待接收,发送 ACK
      }
  }
  else
  return 0;
      I2CStop();                                 //停止总线
      return 1;  }
```

```
//* * * * * * * * * * * * * * M24LC02.h 头文件 * * * * * * * * * * * * * * *//
extern void WriteSingleByte(unsigned char nAddr,unsigned char nValue);
extern void PageWrite(unsigned char nAddr,unsigned char pBuf[]);
extern void ReadRandom(unsigned char nAddr, unsigned char * nValue);
extern void ReadSeq(unsigned char nAddr, unsigned char nValue[], unsigned char nLen);
```

4. 3线SPI时钟模块

SPI (Serial Peripheral Interface,串行外设接口)总线系统是一种同步串行外设接口,它可以使MCU与各种外围设备以串行方式进行通信。SPI总线系统可直接与各个厂家生产的多种标准外围器件直接连接,该接口一般使用4条线:串行时钟线($\overline{SCK}$)、主机输入/从机输出数据线MISO、主机输出/从机输入数据线MOSI和从机选择信号线CS(高电平有效或低电平有效,根据具体的芯片确定)。有的SPI芯片没有主机输出/从机输入数据线MOS,只有一根双向的信号线SIO,因此一般3线、4线的串行接口器件大多符合SPI总线标准。SPI系统总线与并行总线相比可以简化电路设计,与I^2C总线相比又有一定的稳定优势,不仅节省很多常规电路中的接口器件和I/O端口线,也提高了系统设计的可靠性。S35190A采用3线SPI接口,即采用双向的信号线SIO、时钟信号线$\overline{SCK}$和片选线CS。在片选线CS选中该器件后,即可通过SCK协调主从器件进行数据收发。

```
//* * * * * * * * * * * * * * * S3519.c 源程序 * * * * * * * * * * * * * * * *//
//程序:S3519.c
//功能:实时时钟程序
#include <reg52.h>
#include "intrins.h"
sbit SIO = P1^2;                          //三线SPI串行接口的时钟操作,定义端口
sbit SLK = P1^3;
sbit CS = P1^4;
#define  WR_Reg_1  0x60                   //定义时钟芯片写状态寄存器1的控制字
#define  RE_Reg_1  0x61                   //定义时钟芯片读状态寄存器1的控制字
#define  WR_Reg_2  0x62                   //定义时钟芯片写状态寄存器2的控制字
#define  RE_Reg_2  0x63                   //定义时钟芯片读状态寄存器2的控制字
#define  WR_RTCData_1 0x64                //定义时钟芯片写数据寄存器1的控制字
#define  RE_RTCData_1 0x65                //定义时钟芯片读数据寄存器1的控制字
//* * * * * * * * * * * * * * SPI基本时序函数 * * * * * * * * * * * * * * * *//
//* * * * * * * * * * * * * * 时钟芯片片选有效 * * * * * * * * * * * * * * * *//
//函数名:SET_CS
//形式参数:无
//返回值:无
void SET_CS(void)
{   _nop_();
    _nop_();
```

```
    CS = 1;
    _nop_();
    _nop_();  }
//* * * * * * * * * * * * * * 时钟芯片片选无效 * * * * * * * * * * * * * *//
//函数名:CLEAR_CS
//形式参数:无
//返回值:无
void CLEAR_CS(void)
{   _nop_();
    _nop_();
    CS = 0;
    _nop_();
    _nop_();  }
//* * * * * * * * * * 发送1字节命令码(字节高位先发送) * * * * * * * * * *//
//函数名:Send_CMDByte
//形式参数:待发送命令字chr,unsigned char类型
//返回值:无
void Send_CMDByte(unsigned char chr)
{   unsigned char temp, BitCount;
    temp = chr;
    BitCount = 8;
    do
    {   SLK = 0;                              //时钟信号先拉低
        _nop_();
        BitCount--;                           //修改位选择变量
        SIO = (temp >> BitCount) & 0x01;      //字节高位先发送
        SLK = 1;                              //时钟信号高电平通知从设备取数据
        _nop_();
        _nop_();
        _nop_();
        _nop_();
        _nop_();
        _nop_();                          //延时等待从设备接收
        SLK = 0;
}   while(BitCount);  }                   //循环,直到从高位到低位各位都发送完毕
//* * * * * * * * * * * 发送1字节数据(字节低位先发) * * * * * * * * * * *//
//函数名:Send_DATAByte
//形式参数:待发送数据chr,unsigned char类型
//返回值:无
```

```
void Send_DATAByte(unsigned char chr)
{   unsigned char temp, i;
    temp = chr;
    for(i = 0; i < 8; i++ )                  //循环,完成逐位数据发送
    {   SLK = 0;                             //时钟信号先拉低
        _nop_();
        SIO = (temp >> i) & 0x01;            //字节低位先发送
        SLK = 1;                             //时钟信号高电平通知从设备取数据
        _nop_();
        _nop_();
        _nop_();
        _nop_();
        _nop_();
        _nop_();   }
    SLK = 0;   }                             //时钟信号恢复低电平状态
//* * * * * * * * * * 接收1字节数据(先接收字节低位) * * * * * * * * * *//
//函数名:Rev_Byte
//形式参数:无
//返回值:接收到字节数据,unsigned char 类型
unsigned char Rev_Byte(void)
{   char BitCount, temp;
    char input;
    BitCount = 8;
    input = 0x00;
    for(BitCount = 0; BitCount < 8; BitCount++)
    {   SLK = 0;                             //时钟信号低电平,从设备向总线发送数据
        _nop_();
        _nop_();
        SLK = 1;                             //时钟信号高电平,允许从总线接收数据
        _nop_();
        _nop_();
        temp = SIO;                          //从总线读取数据位存入变量 temp
        input |= ((temp & 0x01) << BitCount);   //变量 input 调整位,等待接收下一位
        _nop_();
        _nop_();   }
    return (input);                          //返回数据 input
    SLK = 0;   }                             //时钟信号线恢复低电平状态
//* * * * * * * * S3519A 器件调用上述时序函数的专用函数 * * * * * * * *//
//* * * * * * * * * * * 状态寄存器的初始化设置 * * * * * * * * * * * * *//
```

```
//函数名:SetupInit
//形式参数:无
//返回值:无
void SetupInit(void)
{   SET_CS();                          //片选时钟芯片
    Send_CMDByte(WR_Reg_1);            //发送写状态寄存器 1 的命令字
    Send_DATAByte(0x01);               //发送状态寄存器 1 的值,复位位置 1
    CLEAR_CS();
    SET_CS();
    Send_CMDByte(WR_Reg_2);            //发送写状态寄存器 2 的命令字
    Send_DATAByte(0x00);               //发送状态寄存器 1 的值,Test 位清 0
    CLEAR_CS();
}
//* * * * * * * * * * * * * * * * 芯片初始化 * * * * * * * * * * * * * * * *//
//函数名:HWInint
//形式参数:无
//返回值:无
void HWInint(void)
{   unsigned char temp;
    SET_CS();
    Send_CMDByte(RE_Reg_1);            //发送读状态寄存器 1 的命令字
    temp = Rev_Byte();                 //读取状态寄存器 1 的值到变量 temp
    CLEAR_CS();
    if ((temp|0x7F==0xFF)||(temp|0xBF==0xFF))
       SetupInit();  //若寄存器 1 的最高位 POC=1 或 BLD=1,则需要进行初始化设置
     do
     {   SET_CS();
         Send_CMDByte(RE_Reg_2);       //发送读状态寄存器 2 的命令字
         temp = Rev_Byte();            //读取状态寄存器 2 的值到变量 temp
         CLEAR_CS();
         if (temp|0x7F==0xFF)
            SetupInit();  //状态寄存器 2 的最高位 TEST=1,则需要进行初始化设置
          else   break;  }
     while(1);
}
//* * * * * * * * * * * * * * * * 设置时间 * * * * * * * * * * * * * * * *//
//函数名:SetDate
//形参:时间信息的首地址 Date(年、月、日、周、时、分、秒),unsigned char 数组类型
//返回值:无
```

```
void SetDate(unsigned char  Date[])
{  unsigned char i;
   SET_CS();
   Send_CMDByte(WR_RTCData_1);       //发送写数据寄存器1的命令字
   for (i=0;i<7;i++)
       Send_DATAByte(Date[i]);       //逐字节发送设置时间信息的数据字节
   CLEAR_CS();
}
//****************读取时间******************//
//函数名:GetDate
//形参:时间信息的首地址Date(年、月、日、周、时、分、秒),unsigned char数组类型
//返回值:无
void GetDate(unsigned char  Date[])
{   unsigned char i;
    SET_CS();
    Send_CMDByte(RE_RTCData_1);      //发送读数据寄存器1的命令字
    for (i=0;i<7;i++)
       Date[i]=Rev_Byte();           //逐字节读取时间信息的字节数据
    CLEAR_CS();  }
//*************** S3519.h头文件 ***************//
extern void HWInint(void);
extern void SetDate(unsigned char  Date[]);
extern void GetDate(unsigned char  Date[]);
```

5. 串口传送数据模块

存储在EEPROM中的温度和时间信息可以通过串口传送到PC,因此只需实现向PC发送的程序即可。该功能模块较简单,可直接在main.c文件中实现,无须头文件说明。源程序如下:

```
//*************** 串口初始化设置 ***************//
//函数名:UartInit
//形式参数:无
//返回值:无
void UartInit (void)
{  TMOD=0x20;                   //定时器1初始化
   TL1=0xFD;                    //波特率为9 600 b/s,晶振频率为11.059 MHz
   TH1=0xFD;
   TR1=1;
   SCON=0x40;  }                //定义串行口工作方式
//*************** 串口发送数据 ***************//
//函数名:UartSend
```

```
//形式参数:待发送数据的数组首地址 SendData,unsigned char 数组类型
//待发送数据的长度 Len,unsigned char 类型
//返回值:无
void UartSend (unsigned char SendData[],unsigned char Len)
{   unsigned char i;
    for(i=0;i<Len;i++)
        {SBUF=SendData[i];            //发送第 1 个数据
        while(TI==0);                 //等待发送是否完成
        TI=0;}   }                    //TI 清零
```

6. 主程序模块

前面已经完成了各功能模块的软件设计，主程序模块设计就比较方便了，这是模块化程序设计的优势。根据任务需求，调用各功能模块就可以实现，主程序模块流程如图 6.18 所示。

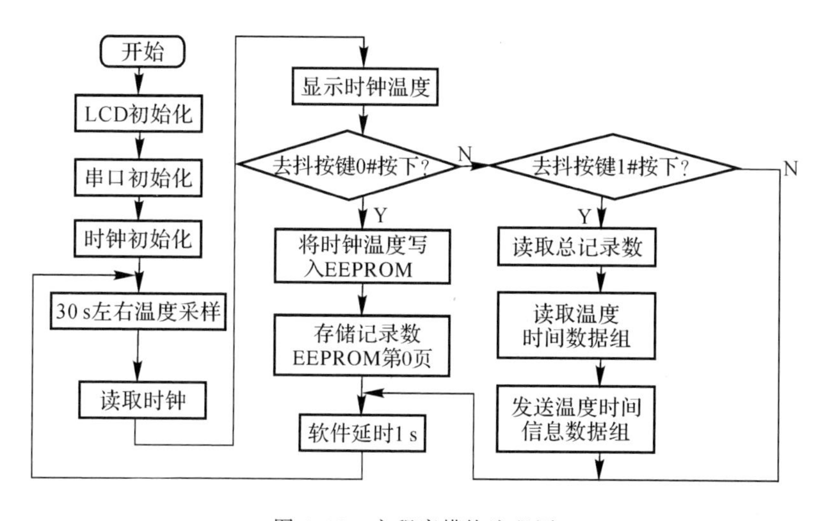

图 6.18　主程序模块流程图

主程序模块的源程序如下：

```
//* * * * * * * * * * * * * *主程序模块 main.c * * * * * * * * * * * * * *//
#include<reg51.h>                     //包含头文件
#include<INTRINS.H>
#include "LM6029.h"
#include "M24LC02.h"
#include "S3519.h"
#include "DS18B20.h"
sbit Key0=P1^0;                       //定义按键
sbit Key1=P1^1;
main()
{   unsigned char Sec_30=0;           //控制温度采样频度
    unsigned char Temp=0;             //当前温度
```

```
unsigned char DateInit[7]={0x08,0x08,0x08,0x01,0x01,0x01,0x00};
unsigned char DateNow[8]={0};          //时钟读出的当前时间
unsigned char i,y=0;                   //坐标
unsigned char nTotal=0;                //总记录数统计
unsigned char UartBuf[8];
InitializeLCD();                       //初始化 LCD
ClearScr();                            //清屏
UartInit();                            //初始化串口
HWInint();                             //初始化时钟
GetDate(DateNow);                      //判断时钟是否已经初始化
if (DateNow[0]! =0x08)
  SetDate(DateInit);                   //初始化时钟
while(1)
{   if (Sec_30++==30)
      Temp=ReadTemperature();          //大约 30 s 采样一次温度
  GetDate(DateNow);                    //读取时钟数据
  for (i=0;i<3;i++)                    //显示年、月、日
  {   OneChar(0,y,DateNow[i]>>4);
        y+=8;
        OneChar(0,y,DateNow[i]&0x0F);
        y+=8;
        if (i<2)
        {   OneChar(0,y,0x0B);
            y+=8;   }   }
    for (i=4;i<7;i++)                  //换行显示时:分:秒
    {   OneChar(2,y,DateNow[i]>>4);
        y+=8;
        OneChar(2,y,DateNow[i]&0x0F);
        y+=8;
        if (i<6)
        {   OneChar(2,y,0x0A);
            y+=8;   }   }
    Hanzi(4,0,2,hz_wendu);             //显示温度
    OneChar(4,40,Temp/10);
    OneChar(4,48,Temp%10);
    if (! Key0)                        //判断按键
    {   delay_3us(600);                //2 ms 延时去抖
        if (! Key0)                    //如果按下 0#键存储数据
        {   nTotal++;
```

```
            DateNow[7]=Temp；//存储数据结构,前7字节为时间,最后1字节为温度
            PageWrite(nTotal<<3,DateNow)；
            WriteSingleByte(0x00,nTotal)；//EEPROM第0页首地址存储总记录数
        }
    }
    else if(! Key1)                          //判断按键
    {  delay_3us(600)；                       //2 ms延时去抖
       if (! Key1)                           //如果按下0#键存储数据
       {  ReadRandom(0x00,&nTotal)；          //读取总记录数
          for (i=0;i<nTotal;i++)             //逐页取出数据发送
          {  ReadSeq(i<<3,UartBuf, 8)；
             UartSend(UartBuf, 8)；  }  }   }
    for (i=0;i<100;i++)                      //1 s延时
        delay_3us(1500)；
   }
}
```

6.2.5 系统调试

本任务涉及多个接口芯片模块的调试,必须先对各模块进行逐一调试,没有问题之后再进行整体联调。在每个模块完成后,编写一个专门用于测试的main()函数,调用模块函数测试运行是否正确,同步检测硬件电路和软件代码编写问题。

附录 A　Proteus 菜单命令

下面分别列出主窗口和 4 个输出窗口的全部菜单项。对于主窗口，在菜单项旁边同时列出工具条中对应的快捷鼠标按钮。

一、主窗口菜单

1. Fil(文件)

(1)New (新建)	新建一个电路文件
(2)Open (打开)	打开一个已有电路文件
(3)Save (保存)	将电路图和全部参数保存在打开的电路文件中
(4)Save As (另存为)	将电路图和全部参数另存在一个电路文件中
(5)Print (打印)	打印当前窗口显示的电路图
(6)Page Setup (页面设置)	设置打印页面
(7)Exit (退出)	退出 Proteus ISIS

2. Edit (编辑)

(1)Rotate (旋转)	旋转一个欲添加或选中的元件
(2)Mirror (镜像)	对一个欲添加或选中的元件镜像
(3)Cut (剪切)	将选中的元件、连线或块剪切入裁剪板
(4)Copy(复制)	将选中的元件、连线或块复制入裁剪板
(5)Paste (粘贴)	将裁切板中的内容粘贴到电路图中
(6)Delete (删除)	删除元件、连线或块
(7)Undelete (恢复)	恢复上一次删除的内容
(8)Select All (全选)	选中电路图中全部的连线和元件

3. View(查看)

(1)Redraw (重画)	重画电路
(2)Zoom In (放大)	放大电路到原来的 2 倍
(3)Zoom Out (缩小)	缩小电路到原来的 1/2
(4)Full Screen (全屏)	全屏显示电路
(5)Default View (缺省)	恢复最初状态大小的电路显示
(6)Simulation Message (仿真信息)	显示/隐藏分析进度信息显示窗口
(7)Common Toolbar (常用工具栏)	显示/隐藏一般操作工具条

(8)Operating Toolbar (操作工具栏)　显示/隐藏电路操作工具条
(9)Element Palette (元件栏)　显示/隐藏电路元件工具箱
(10)Status Bar (状态信息条)　显示/隐藏状态条

4. Place (放置)

(1)Wire (连线)　添加连线
(2)Element (元件)　添加元件
1)Lumped (集总元件)　添加各个集总参数元件
2)Microstrip (微带元件)　添加各个微带元件
3)S Parameter (S 参数元件)　添加各个 S 参数元件
4)Device (有源器件)　添加各个三极管、FET 等元件
(3)Done (结束)　结束添加连线、元件

5. Parameters (参数)

(1)Unit (单位)　打开单位定义窗口
(2)Variable (变量)　打开变量定义窗口
(3)Substrate (基片)　打开基片参数定义窗口
(4)Frequency (频率)　打开频率分析范围定义窗口
(5)Output (输出)　打开输出变量定义窗口
(6)Opt/Yield Goal (优化/成品率目标)　打开优化/成品率目标定义窗口
(7)Misc (杂项)　打开其他参数定义窗口

6. Simulate (仿真)

(1)Analysis (分析)　执行电路分析
(2)Optimization (优化)　执行电路优化
(3)Yield Analysis (成品率分析)　执行成品率分析
(4)Yield Optimization (成品率优化)　执行成品率优化
(5)Update Variables (更新参数)　更新优化变量值
(6)Stop (终止仿真)　强行终止仿真

7. Result(结果)

(1)Table (表格)　打开一个表格输出窗口
(2)Grid (直角坐标)　打开一个直角坐标输出窗口
(3)Smith (圆图)　打开一个 Smith 圆图输出窗口
(4)Histogram (直方图)　打开一个直方图输出窗口
(5)Close All Charts (关闭所有结果显示)　关闭全部输出窗口
(6)Load Result (调出已存结果)　调出并显示输出文件
(7)Save Result (保存仿真结果)　将仿真结果保存到输出文件

8. Tools（工具）

(1)Input File Viewer（查看输入文件）	启动文本显示程序显示仿真输入文件
(2)Output File Viewer（查看输出文件）	启动文本显示程序显示仿真输出文件
(3)Options（选项）	更改设置

9. Help（帮助）

(1)Content（内容）	查看帮助内容
(2)Elements（元件）	查看元件帮助
(3)About（关于）	查看软件版本信息

二、表格输出窗口(Table)菜单

1. File（文件）

(1)Print（打印）	打印数据表
(2)Exit（退出）	关闭窗口

2. Option（选项）

Variable（变量）	选择输出变量

三、方格输出窗口(Grid)菜单

1. File（文件）

(1)Print（打印）	打印曲线
(2)Page setup（页面设置）	打印页面
(3)Exit（退出）	关闭窗口

2. Option（选项）

(1)Variable（变量）	选择输出变量
(2)Coord（坐标）	设置坐标

四、Smith 圆图输出窗口(Smith)菜单

1. File（文件）

(1)Print（打印）	打印曲线
(2)Page setup（页面设置）	打印页面
(3)Exit（退出）	关闭窗口

2. Option（选项）

Variable（变量）	选择输出变量

五、直方图输出窗口(Histogram)菜单

1. File（文件）

(1)Print（打印）	打印曲线
(2)Page setup（页面设置）	打印页面
(3)Exit（退出）	关闭窗口

2. Option（选项）

Variable（变量）	选择输出变量

附录 B　80C51 单片机指令汇总表

表 B.1　数据传送类指令

序号	指令分类	指 令	功 能	机器码	机器周期数
1	以 A 为目的操作数的指令（4 条）	MOV A,Rn	A←(Rn)	E8+n	1
2		MOV A,direct	A←(direct)	E5 direct	1
3		MOV A,@Ri	A←((Ri))	E6+i	1
4		MOV A,#data	A← data	74 data	1
5	以寄存器 Rn 为目的的操作数的指令(3 条)	MOV Rn,A	Rn←(A)	F8+n	1
6		MOV Rn,direct	Rn←(direct)	A8+n direct	2
7		MOV Rn，#data	Rn←data	78+n data	1
8	以直接地址 direct 为目的操作数的指令（5 条）	MOV direct,A	direct←(A)	F5 direct	1
9		MOV direct,Rn	direct←(Rn)	88+n direct	2
10		MOV direct,direct	direc←(direct)	85 源地址 目的地址	2
11		MOV direct,@Ri	direct←((Ri))	86+i direct	2
12		MOV direct,#data	direct←data	75 direct data	2
13	以间接地址@Ri 为目的操作数的指令(3 条)	MOV @Ri，A	(Ri)←(A)	F6+i	1
14		MOV @Ri，direct	(Ri)←(direct)	A6+i direct	2
15		MOV@Ri，#data	(Ri)←data	76+i data	1
16	以 DPTR 为目的操作数的指令	MOV DPTR,#data16	DPTR ←data16	90 data16	2
17	访问外部 RAM 的指令	MOVX A,@DPTR	A←((DPTR))	E0	2
18		MOVX A,@Ri	A ←((Ri))	E2+i	2
19		MOVX@DPTR,A	(DPTR)←(A)	F0	2
20		MOVX@Ri,A	(Ri)←(A)	F2+i	2
21	读程序存储器的指令	MOVC A,@A+PC	PC←(PC)+1 A←((A)+(PC))	83	2
22		MOVC A,@A+DPTR	A←((A)+(DPTR))	93	2
23	数据交换指令	XCH A,direct	(A)与(direct)互换	C5 direct	1
24		XCH A,@Ri	(A)与((Ri))互换	C6+i	1
25		XCH A,Rn	(A)与(Rn)互换	C8+n	1
26		XCHD A,@Ri	(A3−0)与((Ri)3−0)互换	D6+i	1
27	堆栈操作指令	PUSH direct	SP←(SP)+1,(SP)←(direct)	C0 direct	2
28		POP direct	direct←((SP)),SP←(SP)−1	D0 direct	2

表 B.2 算术运算类指令

序号	指令分类	指 令	功 能	机器码	机器周期数
1	不带进位的加法指令	ADD A,#data	A←(A)+data	24 data	1
2		ADD A, direct	A←(A)+(direct)	25 direct	1
3		ADD A, @Ri	A←(A)+((Ri))	26+i	1
4		ADD A, Rn	A←(A)+(Rn)	28+n	1
5	带进位加法指令	ADDC A,#data	A←(A)+data+(C)	34 data	1
6		ADDC A, direct	A←(A)+(direct)+(C)	35 direct	1
7		ADDC A, @Ri	A←(A)+((Ri))+(C)	36+i	1
8		ADDC A, Rn	A←(A)+(Rn)+(C)	38+n	1
9	加 1 指令	INC A	A←(A)+1	04	1
10		INC direct	direct←(direct)+1	05 direct	1
11		INC @ Ri	(Ri)←((Ri))+1	06+I	1
12		INC Rn	Rn←(Rn)+1	08+n	1
13		INC DPTR	DPTR←(DPTR)+1	A3	1
14	十进制调整指令	DA A	对 A 中的结果进行十进制调整	D4	1
15	带借位减法指令	SUBB A,#data	A←(A)−data−(C)	94 data	1
16		SUBB A, direct	A←(A)−(direct)−(C)	95 direct	1
17		SUBB A,@Ri	A←(A)−((Ri))−(C)	96+i	1
18		SUBB A, Rn	A←(A)−(Rn)−(C)	98+n	1
19	减 1 指令	DEC A	A←(A)−1	14	1
20		DEC direct	direct←(direct)−1	15direct	2
21		DEC @Ri	(Ri)←((Ri))−1	16+i	1
22		DEC Rn	Rn←(Rn)−1	18+n	1
23	乘法指令	MUL AB	A 与 B 中 8 位无符号数相乘	A4	4
24	除法指令	DIV AB	8 位无符号数 A 除以 B	84	4

表B.3　逻辑运算与移位类指令

序号	指令分类	指　令	功　能	机器码	机器周期数
1	逻辑与指令	ANL direct，A	direct←(direct)∧(A)	52 direct	1
2		ANL direct，#data	direct←(direct)∧data	53 direct date	2
3		ANL A，#data	A←(A)∧data	54 data	1
4		ANL A，direct	A←(A)∧(direct)	55 direct	1
5		ANL A，@Ri	A←(A)∧((Ri))	56+i	1
6		ANL A，Rn	A←(A)∧(Rn)	58+n	1
7	逻辑或指令	ORL direct，A	direct←(direct)∨(A)	42 direct	1
8		ORL direct，#data	direct←(direct)∨data	43 direct date	2
9		ORL A，#data	A←(A)∨data	44 data	1
10		ORL A，direct	A←(A)∨(direct)	45 direct	1
11		ORL A，@Ri	A←(A)∨((Ri))	46+i	1
12		ORL A，Rn	A←(A)∨(Rn)	48+n	1
13	逻辑异或指令	XRL direct，A	direct←(direct)⊕(A)	62 direct	1
14		XRL direct，#data	direct←(direct)⊕data	63 direct date	2
15		XRL A，#data	A←(A)⊕data	64 data	1
16		XRL A，direct	A←(A)⊕(direct)	65 direct	1
17		XRL A，@Ri	A←(A)⊕((Ri))	66+i	1
18		XRL A，Rn	A←(A)⊕(Rn)	68+n	1
19	清零与取反指令	CLR A	A←0	E4	1
20		CPL A	把A的内容取反	F4	1
21	移位指令	RR A	将A中的数据循环右移1位	03	1
22		RL A	将A中的数据循环左移1位	23	1
23		RRC A	将A中的数据带进位标志位C(作最高位)循环右移1位	13	1
24		RLC A	将A中的数据带进位标志位C(作最高位)循环左移1位	33	1

表 B.4 控制转移类指令

序号	指令分类	指 令	功 能	机器码	机器周期数
1	短跳转	AJMP addr11	PC←(PC)+2, PC10～0←addr11	01 addr7～0	2
2	长跳转	LJMP addr16	PC←addr16	02 addrH addrL	2
3	相 对 转移	SJMP rel	PC←(PC)+2,PC←(PC)+rel	80 rel	2
4		JMP @A+DPTR	PC←(A)+(DPTR)	73	2
5	累 加 器 判 0 转移	JZ rel	(A)=00H: PC←(PC)+2+rel (A)≠00H:PC←(PC)+2	60 rel	2
6		JNZ rel	(A)≠00H:PC←(PC)+2+rel (A)=00H: PC←(PC)+2	70 rel	2
7	比 较 不 相等转移	CJNE A,#data,rel	(A)≠data:PC←(PC)+3+rel	B4 data rel	2
8		CJNE A, direct,rel	(A)≠(driect):PC←(PC)+3+rel	B5 direct rel	2
9		CJNE @Ri,#data,rel	((Ri))≠data PC←(PC)+3+rel	B6+i data rel	2
10		CJNE Rn,#data,rel	(Rn)≠data:PC←(PC)+3+rel	B8+n data rel	2
11	减 1 不 为 0 转移	DJNZ Rn,rel	Rn← (Rn)+1, (Rn)≠0 PC←(PC)+2+rel	d8+n rel	2
12		DJNZ direct,rel	direc← (direc)+1, (direc≠0 PC←(PC)+2+rel	d5 direct rel	2
13	调用	ACALL addr11	PC←(PC)+2,SP←(SP)+1, (SP)←($PC_{7\sim0}$),SP←(SP)+1 SP←($PC_{15\sim8}$), $PC_{10\sim0}$←add11	*1 addr7～0	2
14		LCALL addr16	PC←(PC)+3,SP←(SP)+1, (SP)←($PC_{7\sim0}$),SP←(SP)+1 SP←($PC_{15\sim8}$), $PC_{15\sim8}$←add16	12 addrH addrL	2
15	返回	RET	PC15-8←((SP)),SP←(SP)-1, PC7-0←((SP)),SP←(SP)-1	22	2
16		RETI	PC15-8←((SP)),SP←(SP)-1 PC7-0←((SP)),SP←(SP)-1	32	2
17	空 操 作 指令	NOP	PC←(PC)+1	00	1

表 B.5　位操作指令

序号	指令分类	指　令	功　能	机器码	机器周期数
1	位变量传送指令	MOV bit,C	bit←(C)	92 bit	2
2		MOV C,bit	C←(bit)	A2 bit	1
3	位清零和置位指令	CLR bit	bit←0	C2 bit	1
4		CLR　C	C←0	C3	1
5		SETB bit	bit←1	D2 bit	1
6		SETB　C	C←0	D3	1
7	位条件转移指令	JBC bit,rel	(bit)=1,转移，且(bit)清 0	10 bit rel	2
8		JB　bit,rel	(bit)=1,转移	20 bit rel	2
9		JNB bit,rel	(bit)=0,转移	30 bit rel	2
10		JC　rel	(C)=1,转移	40　rel	2
11		JNC rel	(C)=0,转移	50　rel	2
12	位逻辑运算指令	ANL C,bit	C←(C)∧(bit)	82 bit	2
13		ANL C,/bit	C←(C)∧/(bit)	B0 bit	2
14		ORL C,bit	C←(C)∨(bit)	72 bit	2
15		ORL C,/bit	C←(C)∨/(bit)	A0 bit	2
16		CPL C	C 中的内容取反	B3	1
17		CPL bit	位地址单元中的内容取反	B2 bit	1

附录C　常用芯片引脚图

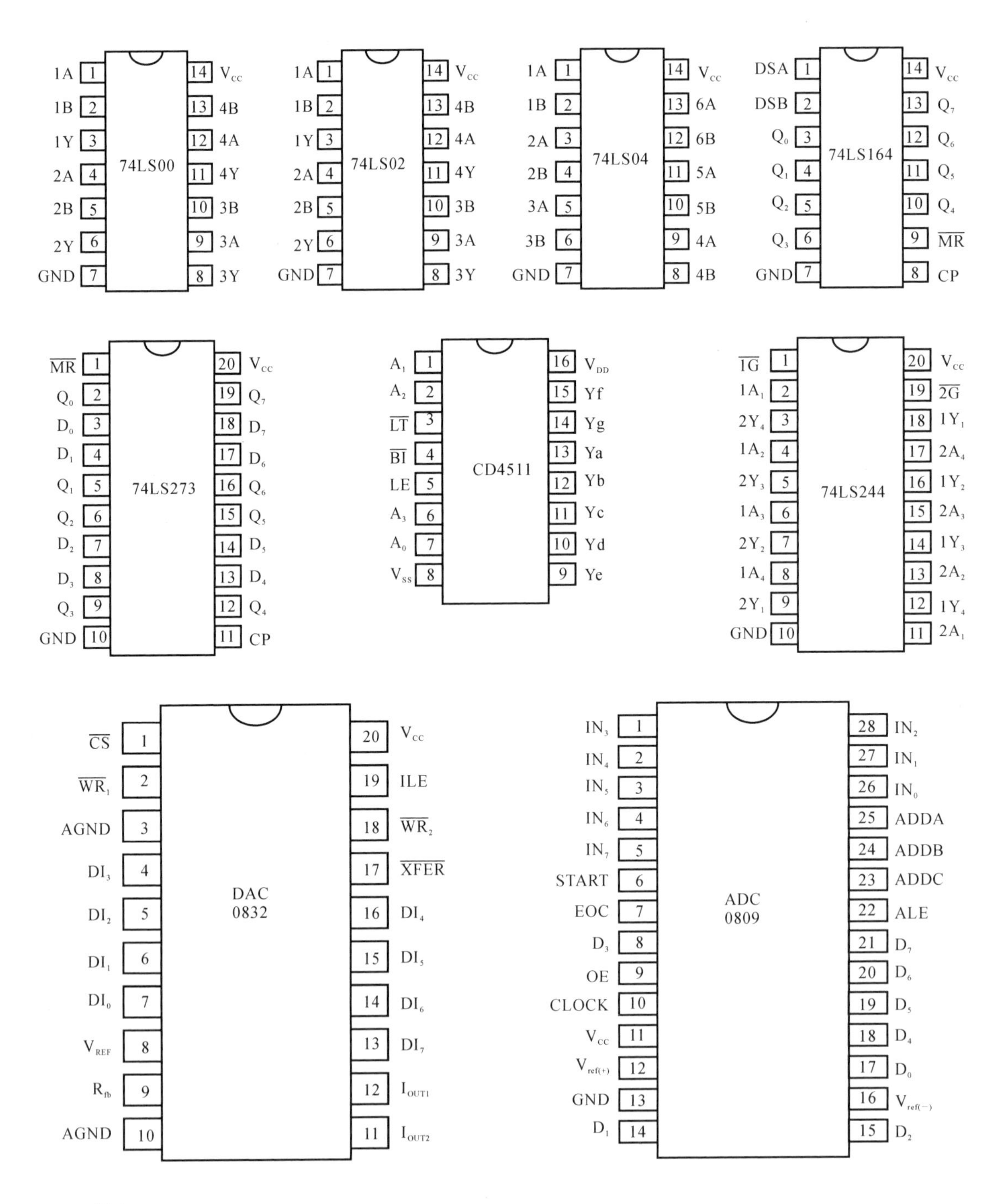

74LS00
1A 1, 1B 2, 1Y 3, 2A 4, 2B 5, 2Y 6, GND 7
14 V_{cc}, 13 4B, 12 4A, 11 4Y, 10 3B, 9 3A, 8 3Y
74LS02
1A 1, 1B 2, 1Y 3, 2A 4, 2B 5, 2Y 6, GND 7
14 V_{cc}, 13 4B, 12 4A, 11 4Y, 10 3B, 9 3A, 8 3Y
74LS04
1A 1, 1B 2, 2A 3, 2B 4, 3A 5, 3B 6, GND 7
14 V_{cc}, 13 6A, 12 6B, 11 5A, 10 5B, 9 4A, 8 4B
74LS164
DSA 1, DSB 2, Q_0 3, Q_1 4, Q_2 5, Q_3 6, GND 7
14 V_{cc}, 13 Q_7, 12 Q_6, 11 Q_5, 10 Q_4, 9 $\overline{MR}$, 8 CP
74LS273
$\overline{MR}$ 1, Q_0 2, D_0 3, D_1 4, Q_1 5, Q_2 6, D_2 7, D_3 8, Q_3 9, GND 10
20 V_{cc}, 19 Q_7, 18 D_7, 17 D_6, 16 Q_6, 15 Q_5, 14 D_5, 13 D_4, 12 Q_4, 11 CP
CD4511
A_1 1, A_2 2, $\overline{LT}$ 3, $\overline{BI}$ 4, LE 5, A_3 6, A_0 7, V_{SS} 8
16 V_{DD}, 15 Yf, 14 Yg, 13 Ya, 12 Yb, 11 Yc, 10 Yd, 9 Ye
74LS244
$\overline{1G}$ 1, $1A_1$ 2, $2Y_4$ 3, $1A_2$ 4, $2Y_3$ 5, $1A_3$ 6, $2Y_2$ 7, $1A_4$ 8, $2Y_1$ 9, GND 10
20 V_{cc}, 19 $\overline{2G}$, 18 $1Y_1$, 17 $2A_4$, 16 $1Y_2$, 15 $2A_3$, 14 $1Y_3$, 13 $2A_2$, 12 $1Y_4$, 11 $2A_1$
DAC 0832
$\overline{CS}$ 1, $\overline{WR_1}$ 2, AGND 3, DI_3 4, DI_2 5, DI_1 6, DI_0 7, V_{REF} 8, R_{fb} 9, AGND 10
20 V_{cc}, 19 ILE, 18 $\overline{WR_2}$, 17 $\overline{XFER}$, 16 DI_4, 15 DI_5, 14 DI_6, 13 DI_7, 12 I_{OUT1}, 11 I_{OUT2}
ADC 0809
IN_3 1, IN_4 2, IN_5 3, IN_6 4, IN_7 5, START 6, EOC 7, D_3 8, OE 9, CLOCK 10, V_{cc} 11, $V_{ref(+)}$ 12, GND 13, D_1 14
28 IN_2, 27 IN_1, 26 IN_0, 25 ADDA, 24 ADDB, 23 ADDC, 22 ALE, 21 D_7, 20 D_6, 19 D_5, 18 D_4, 17 D_0, 16 $V_{ref(-)}$, 15 D_2

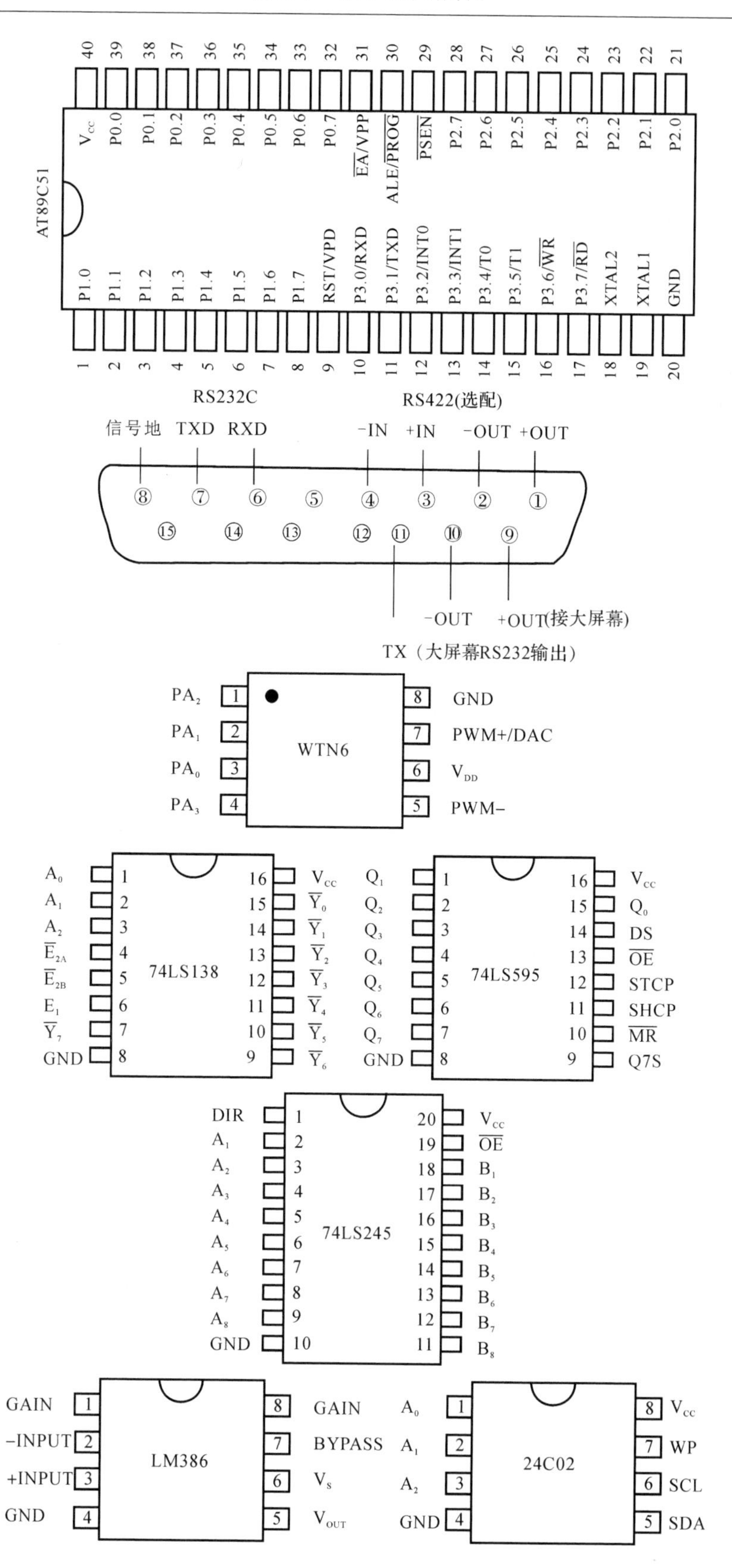
AT89C51
40 Vcc
39 P0.0
38 P0.1
37 P0.2
36 P0.3
35 P0.4
34 P0.5
33 P0.6
32 P0.7
31 EA/VPP
30 ALE/PROG
29 PSEN
28 P2.7
27 P2.6
26 P2.5
25 P2.4
24 P2.3
23 P2.2
22 P2.1
21 P2.0
1 P1.0
2 P1.1
3 P1.2
4 P1.3
5 P1.4
6 P1.5
7 P1.6
8 P1.7
9 RST/VPD
10 P3.0/RXD
11 P3.1/TXD
12 P3.2/INT0
13 P3.3/INT1
14 P3.4/T0
15 P3.5/T1
16 P3.6/WR
17 P3.7/RD
18 XTAL2
19 XTAL1
20 GND
RS232C
RS422(选配)
信号地 TXD RXD
-IN +IN -OUT +OUT
-OUT +OUT(接大屏幕)
TX（大屏幕RS232输出）
WTN6
PA2 1
PA1 2
PA0 3
PA3 4
8 GND
7 PWM+/DAC
6 VDD
5 PWM-
74LS138
A0 1
A1 2
A2 3
E2A 4
E2B 5
E1 6
Y7 7
GND 8
16 Vcc
15 Y0
14 Y1
13 Y2
12 Y3
11 Y4
10 Y5
9 Y6
74LS595
Q1 1
Q2 2
Q3 3
Q4 4
Q5 5
Q6 6
Q7 7
GND 8
16 Vcc
15 Q0
14 DS
13 OE
12 STCP
11 SHCP
10 MR
9 Q7S
74LS245
DIR 1
A1 2
A2 3
A3 4
A4 5
A5 6
A6 7
A7 8
A8 9
GND 10
20 Vcc
19 OE
18 B1
17 B2
16 B3
15 B4
14 B5
13 B6
12 B7
11 B8
LM386
GAIN 1
-INPUT 2
+INPUT 3
GND 4
8 GAIN
7 BYPASS
6 Vs
5 VOUT
24C02
A0 1
A1 2
A2 3
GND 4
8 Vcc
7 WP
6 SCL
5 SDA

参考文献

[1] 贡雪梅,王昆.单片机实验与实践教程[M].西安:西北工业大学出版社,2014.

[2] 王静霞.单片机应用技术:C语言版[M].4版.北京:电子工业出版社,2019.

[3] 魏二有.单片机应用系统设计与实现教程[M].北京:清华大学出版社,2014.

[4] 林立.单片机原理及应用:基于 Proteus 和 Keil C[M].4版.北京:电子工业出版社,2018.